崧燁文化

曹永忠、許智誠、蔡英德 著

Arduino 步進馬達控制

The Stepper Motors Controller Practices by Arduino Technology

自序

記得自己在大學資訊工程系修習電子電路實驗的時候，自己對於設計與製作電路板是一點興趣也沒有，然後又沒有天分，所以那是苦不堪言的一堂課，還好當年有我同組的好同學，努力的照顧我，命令我做這做那，我不會的他就自己做，如此讓我解決了資訊工程學系課程中，我最擅長的課。

當時資訊工程學系對於設計電子電路課程，大多數都是專攻軟體的學生去修習時，系上的用意應該是要大家軟硬兼修，尤其是在台灣這個大部分是硬體為主的產業環境，但是對於一個軟體設計，但是缺乏硬體專業訓練，或是對於眾多機械機構與機電整合原理不太有概念的人，在理解現代的許多機電整合設計時，學習上都會有很多的困擾與障礙，因為專精於軟體設計的人，不一定能很容易就懂機電控制設計與機電整合。懂得機電控制的人，也不一定知道軟體該如何運作，不同的機電控制或是軟體開發常常都會有不同的解決方法。

除非您很有各方面的天賦，或是在學校巧遇名師教導，否則通常不太容易能在機電控制與機電整合這方面自我學習，進而成為專業人員。

而自從有了 Arduino 這個平台後，上述的困擾就大部分迎刃而解了，因為Arduino 這個平台讓你可以以不變應萬變，用一致性的平台，來做很多機電控制、機電整合學習，進而將軟體開發整合到機構設計之中，在這個機械、電子、電機、資訊、工程等整合領域，不失為一個很大的福音，尤其在創意掛帥的年代，能夠自己創新想法，從 original idea 到機電控制與整合給予完整的設計，自己就能夠更容易完全了解與掌握核心技術與產業技術，整個開發過程必定可以提供思維上與實務上更多的收穫。

Arduino 平台引進台灣自今，雖然越來越多的書籍出版，但是透過逆向工程手法來解析原有產品思維，進而完成產品開發的書籍仍然鮮見，尤其是能夠從頭到尾，利用範例與理論解釋並重，完完整整的解說如何用 Arduino 設計出好用的機電控制與軟體整合相關技術範例，如此的書籍更是付之闕如。永忠、英德兄與敝人計畫撰寫知識速成系列，就是基於這樣對市場需要的觀察，開發出這樣的書籍。所以希望所有的讀者能夠享受與珍惜這個完整的學習經驗，由利用 Arduino 來練習步進馬達的控制，進而學習到更多的控制方法，是本書最大的希望。

另外本書的撰寫方式會讓您體會到許多更複雜的機電控制、機電整合跟軟體工程的整合其實都可以跟隨本書的寫作與理解流程，能讓讀者由淺入深，達到真正宛如愛迪生當年透過自修而發明許多有用之物的些許情境。這就是我們作者對這本書的深切期許。

許智誠　於中壢雙連坡中央大學　2014

自序

隨著資通技術(ICT)的進步與普及，取得資料不僅方便快速，傳播資訊的管道也多樣化與便利。然而，在網路搜尋到的資料卻越來越巨量，如何將在眾多的資料之中篩選出正確的資訊，進而萃取出您要的知識？如何獲得同時具廣度與深度的知識？如何一次就獲得最正確的知識？相信這些都是大家共同思考的問題。

為了解決這些困惱大家的問題，永忠、智誠兄與敝人計畫製作一系列「知識速成系列」書籍來傳遞兼具廣度與深度的軟體開發知識，希望讀者能利用這些書籍迅速掌握正確知識。首先規劃「運用 Arduino 相關技術進行控制設計與產品開發」的系列書籍，運用現有的產品或零件，透過產品逆向工程的手法，拆解其控制核心，使用 Arduino 相關技術進行控制核心設計與產品開發等內容，讓電子、機械、電機、控制、軟體、工程進行跨領域的整合。

近年來 Arduino 異軍突起，在許多大學，甚至高中職、國中，以至於國小，都以成為教學上主流的單晶片控制裝置，除了可用來控制電子設備外，許多玩家也利用 Arduino 成功玩出一些具創意的互動設計與數位藝術。由於 Arduino 的使用簡單，許多專業系所及學校社團都推出課程與工作坊來學習與推廣。

以往介紹 ICT 技術的書籍大部份以理論開始、為了深化開發與專業技術，往往忘記這些產品產品開發背後所需要的背景、動機、需求、環境因素等，讓讀者在學習之間，不容易了解當初開發這些產品的初衷，基於這樣的原因，一般人學起來特別感到吃力與迷惘。

本書為了讀者能夠深入了解產品開發的背景，所以使用一般人常見的產品，由於這些產品大多為日常所見與常用的設備，筆者就不需要多解釋產品運作的原理與理由，直接進入產品核心之控制裝置開發，讀者跟著本書一步一步研習與實作，在完成之計，回頭思考，就很容易了解如何開發出這些產品的整體思維。透過這樣的思路，讀者就可以輕易地轉移學習經驗至其他相關的產品實作上。

所以本書是能夠自修的書，讀完後不僅能依據書本的實作說明準備材料來製作，盡情享受 DIY(Do It Yourself)的樂趣，還能了解其原理並推展至其他應用。有興趣的讀者可再利用書後的參考文獻繼續研讀相關資料。

本書的發行有新的創舉，就是以電子書型式發行，在國家圖書館、國立公共資訊圖書館與許多電子書網路商城、Google Books 與 Google Play 都可以下載與閱讀。希望讀者能珍惜機會閱讀及學習，繼續將知識與資訊傳播出去，讓有興趣的眾人都受益。希望這個拋磚引玉的舉動能讓更多人響應與跟進，一起共襄盛舉。

本書可能還有不盡完美之處，非常歡迎您的指教與建議。近期還將推出其他 Arduino 相關應用與實作的書籍，敬請期待。

最後，請您立刻行動翻書閱讀。

蔡英德 於台中沙鹿靜宜大學 2014

目 錄

知識速成系列

科技發達今日，資訊科技技術日新月異，許多資訊相關科技的科技人，每天被十倍速的時代壓力，擠壓著生活品質，為了追逐最新的科技與技術，不惜焚膏繼晷日夜追趕，只怕追趕不上就被科技洪流所淘汰，造成許多年輕的科技菁英，年紀輕輕的卻都是一高、二高、甚至三高皆有，嚴重的甚至、中風、過勞死，對當今社會造成人才的重大損失。

隨著環保綠色革命，我們思考著，是否在這知識經濟時代，也該有個知識綠色革命。本系列『知識速成系列』由此概念而生。面對越來越多的知識學子，為了追趕最新的技術潮流，往往沒有往下紮根，去了解許多知識背後所必須醞釀的知識基礎，追求到許多最新的技術邊緣，往往忘記了如果沒有配套的基礎科技知識，所學到的知識與科技，在失去這些基礎科技資源德的支持之下，往往無法產生實際生產效力。

如許多學習程式設計的學子，為了最新的科技潮流，使用著最新的科技工具與軟體元件，當他們面對許多原有的軟體元件沒有支持的需求或軟體架構下沒有直接直持的開發工具，此時就產生了莫大的開發瓶頸，這些都是為了追求最新的科技技術而忘卻了學習原有基礎科技訓練所致。

筆著鑒於這樣的困境，思考著『如何轉化眾人技術為我的知識』的概念，如果我們可以透過拆解原有的完整產品，進而了解原有產品的機構運作原理與方法，並嘗試著將原有產品進行拆解、改造、升級、置換原有控制核心…等方式，學習到運用其他技術或新技術來開發原有的產品，或許可以讓這些辛苦追求新技術的學子，在學習技術當時，可以了解所面對的技術中，如何研發與製造該技術的相關產品，相信這樣的學習方式，會比起在已建構好的開發模組或學習套件中學習某個新技術或原理，來的更踏實的多。

目前許多學子在學習程式設計之時，恐怕最不能了解的問題是，我為何要寫九九乘法表、為何要寫遞迴程式，為何要寫成函式型式…等等疑問，只因為在學校的學子，學習程式是為了可以了解『撰寫程式』的邏輯，並訓練且建立如何運用程式邏輯的能力，解譯現實中面對的問題。然而現實中的問題往往太過於複雜，在校授課的老師無法有多餘的時間與資源去解釋現實中複雜問題，期望能將現實中複雜問題淬鍊成邏輯上的思路，加以訓練學生其解題思路，但是眾多學子宥於現實問題的困惑，無法單純用純粹的解題思路來進行學習與訓練，反而以現實中的複雜來反駁老師教學太過學理，沒有實務上的應用為由，拒絕深入學習，這樣的情形，反而自己造成了學習上的障礙程。

本系列的書籍，針對目前學習上的盲點，希望透過現有產品的產品解析，透過產品簡單的拆解，以逆向工程的手法，將目前已有產品拆解之後，將核心控制系統之軟硬體，透過簡單易學的 Arduino 單晶片與 C 語言，重新設計出原有產品之核心控制系統，進而改進、加強、升級其控制方法。如此一來，因為學子們已經對原有產品有深入了解，在進行『重製核心控制系統』過程之中，可以很有把握的了解自己正在進行什麼，而非針對許多邏輯化的需求進行開發。即使在進行中，許多需求也多轉化成邏輯化的需求，學子們仍然可以了解這些邏輯化的需求背後的實務需求，對於學習過程之中，因為實務需求導引著開發過程，可以讓學子們讓邏輯化思考與實務產出產生關連，如此可以一掃過去陰霾，更踏實的進行學習。

這本書以市面常見的步進馬達為主要開發標的，我們身邊不乏許多的東西，只要能動的產品，都需要馬達來當為動力來源。所以本書要以『步進馬達控制』為實驗主體，透過小型步進馬達控制到使用驅動模組來使用步進馬達，來進行本書的內容，相信整個研發過程會更加了解

CHAPTER

Arduino 的開始

Arduino 起源

Massimo Banzi 之前是義大利 Ivrea 一家高科技設計學校的老師，他的學生們經常抱怨找不到便宜好用的微處理機控制器。西元 2005 年， Massimo Banzi 跟 David Cuartielles 討論了這個問題，David Cuartielles 是一個西班牙籍晶片工程師，當時是這所學校的訪問學者。兩人討論之後，決定自己設計電路板，並引入了 Banzi 的學生 David Mellis 為電路板設計開發用的語言。兩天以後，David Mellis 就寫出了程式碼。又過了幾天，電路板就完工了。於是他們將這塊電路板命名為『Arduino』。

當初 Arduino 設計的觀點，就是希望針對『不懂電腦語言的族群』，也能用 Arduino 做出很酷的東西，例如：對感測器作出回應、閃爍燈光、控制馬達…等等。

隨後 Banzi，Cuartielles，和 Mellis 把設計圖放到了網際網路上。他們保持設計的開放源碼(Open Source)理念，因為版權法可以監管開放原始碼軟體，卻很難用在硬體上，他們決定採用創用 CC 許可(Creative_Commons, 2013)。

創用 CC(Creative_Commons, 2013)是為保護開放版權行為而出現的類似 GPL[1] 的一種許可（license），來自於自由軟體[2]基金會 (Free Software Foundation) 的 GNU 通用公共授權條款 (GNU GPL)：在創用 CC 許可下，任何人都被允許生產電路板

---

[1] GNU 通用公眾授權條款（英語：GNU General Public License，簡稱 GNU GPL 或 GPL），是一個廣泛被使用的自由軟體授權條款，最初由理察·斯托曼為 GNU 計劃而撰寫。

[2] 「自由軟體」指尊重使用者及社群自由的軟體。簡單來說使用者可以自由運行、複製、發佈、學習、修改及改良軟體。他們有操控軟體用途的權利。

的複製品，且還能重新設計，甚至銷售原設計的複製品。你還不需要付版稅，甚至不用取得 Arduino 團隊的許可。

然而，如果你重新散佈了引用設計，你必須在其產品中註解說明原始 Arduino 團隊的貢獻。如果你調整或改動了電路板，你的最新設計必須使用相同或類似的創用 CC 許可，以保證新版本的 Arduino 電路板也會一樣的自由和開放。

唯一被保留的只有 Arduino 這個名字：『Arduino』已被註冊成了商標[3]『Arduino®』。如果有人想用這個名字賣電路板，那他們可能必須付一點商標費用給 『Arduino®』 (Arduino, 2013)的核心開發團隊成員。

『Arduino®』的核心開發團隊成員包括：Massimo Banzi，David Cuartielles，Tom Igoe，Gianluca Martino，David Mellis 和 Nicholas Zambetti。(Arduino, 2013)，若讀者有任何不懂 Arduino 的地方，都可以訪問 Arduino 官方網站：http://www.arduino.cc/

『Arduino®』，是一個開放原始碼的單晶片控制器，它使用了 Atmel AVR 單晶片 (Atmel_Corporation, 2013)，採用了基於開放原始碼的軟硬體平台，構建於開放原始碼 Simple I/O 介面版，並且具有使用類似 Java，C 語言的 Processing[4]/Wiring 開發環境(B. F. a. C. Reas, 2013; C. Reas & Fry, 2007, 2010)。Processing 由 MIT 媒體實驗室美學與計算小組(Aesthetics & Computation Group)的 Ben Fry(http://benfry.com/)和 Casey Reas 發明，Processing 已經有許多的 Open Source 的社群所提倡，對資訊科技的發展是一個非常大的貢獻。

---

[3] 商標註冊人享有商標的專用權，也有權許可他人使用商標以獲取報酬。各國對商標權的保護期限長短不一，但期滿之後，只要另外繳付費用，即可對商標予以續展，次數不限。

[4] Processing 是一個 Open Source 的程式語言及開發環境，提供給那些想要對影像、動畫、聲音進行程式處理的工作者。此外，學生、藝術家、設計師、建築師、研究員以及有興趣的人，也可以用來學習，開發原型及製作

讓您可以快速使用 Arduino 語言作出互動作品，Arduino 可以使用開發完成的電子元件：例如 Switch、感測器、其他控制器件、LED、步進馬達、其他輸出裝置…等。Arduino 開發 IDE 介面基於開放原始碼，可以讓您免費下載使用，開發出更多令人驚豔的互動作品(Banzi, 2009)。

Arduino 特色

- 開放原始碼的電路圖設計，程式開發介面
- http://www.arduino.cc/免費下載，也可依需求自己修改!!
- Arduino 可使用 ISCP 線上燒入器，自我將新的 IC 晶片燒入「bootloader」(http://arduino.cc/en/Hacking/Bootloader?from=Main.Bootloader)。
- 可依據官方電路圖(http://www.arduino.cc/)，簡化 Arduino 模組，完成獨立運作的微處理機控制模組
- 感測器可簡單連接各式各樣的電子元件 (紅外線,超音波,熱敏電阻,光敏電阻,伺服馬達,…等)
- 支援多樣的互動程式程式開發工具
- 使用低價格的微處理控制器(ATMEGA8-16)
- USB 介面，不需外接電源。另外有提供 9VDC 輸入
- 應用方面，利用 Arduino，突破以往只能使用滑鼠，鍵盤，CCD 等輸入的裝置的互動內容，可以更簡單地達成單人或多人遊戲互動

Arduino 硬體-Duemilanove

Arduino Duemilanove 使用 AVR Mega168 為微處理晶片，是一件功能完備的單晶片開發板，Duemilanove 特色為：(a).開放原始碼的電路圖設計，(b).程序開發免費下載，(c).提供原始碼可提供使用者修改，(d).使用低價格的微處理控制器(ATmega168)，(e).採用 USB 供電，不需外接電源，(f).可以使用外部 9VDC 輸入，

(g).支持 ISP 直接線上燒錄，(h).可使用 bootloader 燒入 ATmega8 或 ATmega168 單晶片。

系統規格

- 主要溝通介面:USB
- 核心: ATMEGA328
- 自動判斷並選擇供電方式（USB/外部供電）
- 控制器核心：ATmega328
- 控制電壓：5V
- 建議輸入電(recommended)：7-12 V
- 最大輸入電壓 (limits)：6-20 V
- 數位 I/O Pins：14 (of which 6 provide PWM output)
- 類比輸入 Pins：6 組
- DC Current per I/O Pin：40 mA
- DC Current for 3.3V Pin：50 mA
- Flash Memory：32 KB (of which 2 KB used by bootloader)
- SRAM：2 KB
- EEPROM：1 KB
- Clock Speed：16 MHz

具有 bootloader[5]能夠燒入程式而不需經過其他外部電路。此版本設計了『自動回復保險絲[6]』，在 Arduino 開發板搭載太多的設備或電路短路時能有效保護 Arduino 開發板的 USB 通訊埠，同時也保護了您的電腦，並且故障排除後能自動恢復正常。

---

[5] 啟動程式（英語：boot loader，也稱啟動載入器，引導程式）位於電腦或其他計算機應用上，是指引導操作系統啟動的程式。

[6]自恢復保險絲是一種過流電子保護元件，採用高分子有機聚合物在高壓、高溫，硫化反應的條件下，攙加導電粒子材料後，經過特殊的工藝加工而成。在習慣上把 PPTC(PolyerPositiveTemperature Coefficent)也叫自恢復保險絲。嚴格意義講：PPTC 不是自恢復保險絲，ResettableFuse 才是自恢復保險絲。

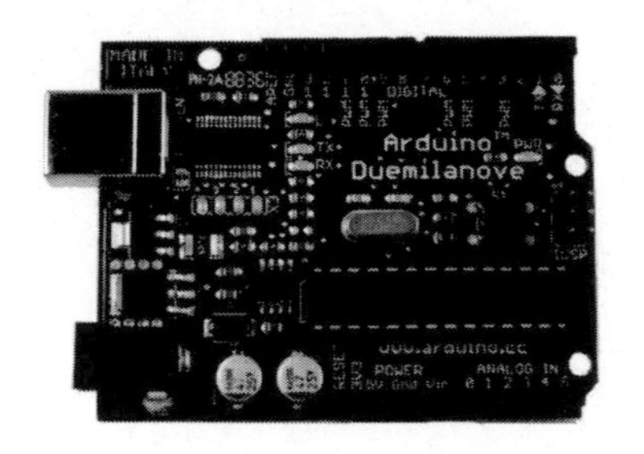

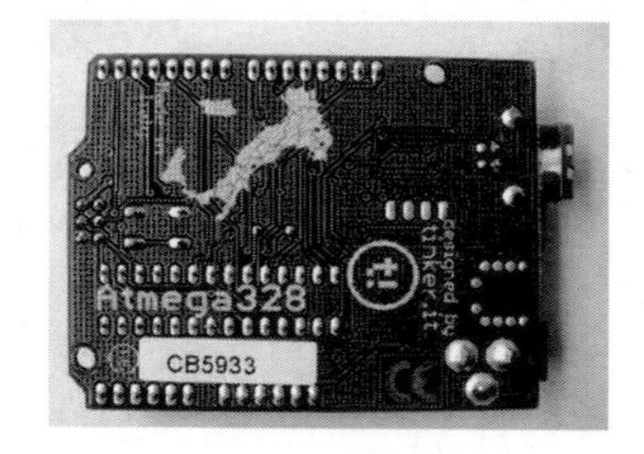

圖 1 Arduino Duemilanove 開發板外觀圖

Arduino 硬體-UNO

UNO 的處理器核心是 ATmega328，使用 ATMega 8U2 來當作 USB-對序列通訊，並多了一組 ICSP 給 MEGA8U2 使用：未來使用者可以自行撰寫內部的程式~也因為捨棄 FTDI USB 晶片~ Arduino 開發板需要多一顆穩壓 IC 來提供 3.3V 的電源。

Arduino UNO 是 Arduino USB 介面系列的最新版本，作為 Arduino 平臺的參考標準範本： 同時具有 14 路數位輸入/輸出口（其中 6 路可作為 PWM 輸出），6 路模擬輸入， 一個 16MHz 晶體振盪器，一個 USB 口，一個電源插座，一個 ICSP header 和一個重定按鈕。

UNO 目前已經發佈到第三版，與前兩版相比有以下新的特點： (a).在 AREF 處增加了兩個管腳 SDA 和 SCL，(b).支援 I2C 介面，(c).增加 IOREF 和一個預留管腳，將來擴展板將能相容 5V 和 3.3V 核心板，(d).改進了 Reset 重置的電路設計，(e).USB 介面晶片由 ATmega16U2 替代了 ATmega8U2。

系統規格

- 控制器核心：ATmega328
- 控制電壓：5V
- 建議輸入電(recommended)：7-12 V
- 最大輸入電壓 (limits)：6-20 V
- 數位 I/O Pins：14 (of which 6 provide PWM output)
- 類比輸入 Pins：6 組
- DC Current per I/O Pin：40 mA
- DC Current for 3.3V Pin：50 mA
- Flash Memory：32 KB (of which 0.5 KB used by bootloader)
- SRAM：2 KB
- EEPROM：1 KB
- Clock Speed：16 MHz

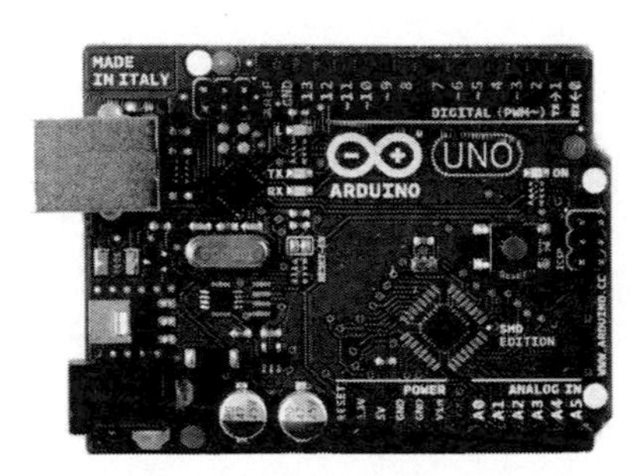

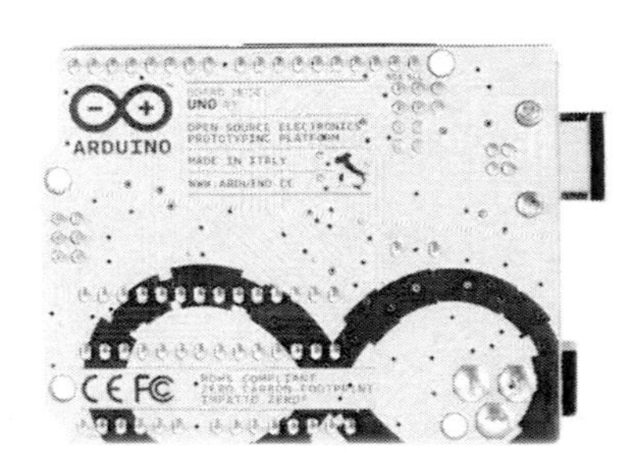

圖 2 Arduino UNO 開發板外觀圖

Arduino 硬體-Mega 2560

可以說是 Arduino 巨大版： Arduino Mega2560 REV3 是 Arduino 官方最新推出的 MEGA 版本。功能與 MEGA1280 幾乎是一模一樣，主要的不同在於 Flash 容量從 128KB 提升到 256KB，比原來的 Atmega1280 大。

Arduino Mega2560 是一塊以 ATmega2560 為核心的微控制器開發板，本身具有 54 組數位 I/O input/output 端（其中 14 組可做 PWM 輸出），16 組模擬比輸入端，4 組 UART（hardware serial ports），使用 16 MHz crystal oscillator。由於具有 bootloader，因此能夠通過 USB 直接下載程式而不需經過其他外部燒入器。供電部份可選擇由 USB 直接提供電源，或者使用 AC-to-DC adapter 及電池作為外部供電。

由於開放原代碼，以及使用 Java 概念(跨平臺)的 C 語言開發環境，讓 Arduino 的周邊模組以及應用迅速的成長。而吸引 Artist 使用 Arduino 的主要原因是可以快速使用 Arduino 語言與 Flash 或 Processing…等軟體通訊，作出多媒體互動作品。Arduino 開發 IDE 介面基於開放原代碼原則，可以讓您免費下載使用於專題製作、學校教學、機電控制、互動作品等等。

電源設計

Arduino Mega2560 的供電系統有兩種選擇，USB 直接供電或外部供電。電源供應的選擇將會自動切換。外部供電可選擇 AC-to-DC adapter 或者電池，此控制板的極限電壓範圍為 6V~12V，但倘若提供的電壓小於 6V，I/O 口有可能無法提供到 5V 的電壓，因此會出現不穩定；倘若提供的電壓大於 12V，穩壓裝置則會有可能發生過熱保護，更有可能損壞 Arduino MEGA2560。因此建議的操作供電為 6.5~12V，推薦電源為 7.5V 或 9V。

系統規格

- 控制器核心：ATmega2560
- 控制電壓：5V
- 建議輸入電(recommended)：7-12 V
- 最大輸入電壓 (limits)：6-20 V
- 數位 I/O Pins：54 (of which 14 provide PWM output)
- UART:4 組
- 類比輸入 Pins：16 組

- DC Current per I/O Pin：40 mA
- DC Current for 3.3V Pin：50 mA
- Flash Memory：256 KB of which 8 KB used by bootloader
- SRAM：8 KB
- EEPROM：4 KB
- Clock Speed：16 MHz

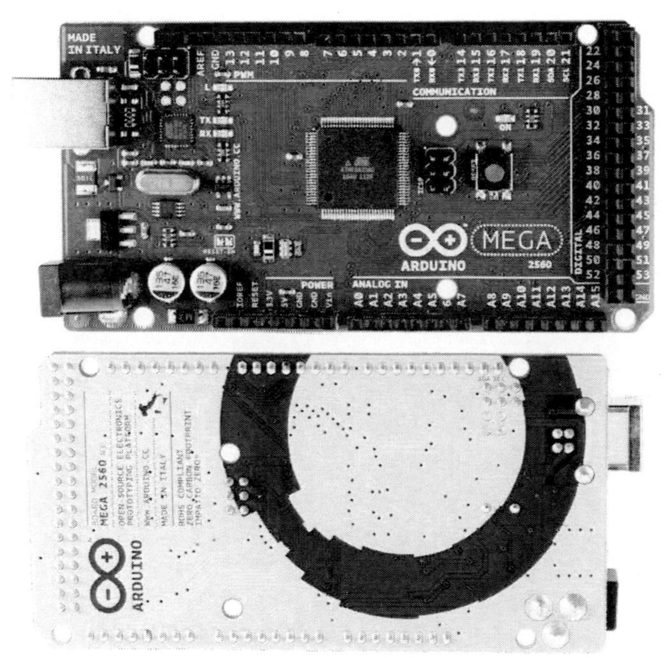

圖 3 Arduino Mega2560 開發板外觀圖

程式設計

讀者若對本章節程式結構不了解之處，請參閱 Arduino 官方網站的 Language Reference (http://arduino.cc/en/Reference/HomePage)，或參閱相關書籍(Anderson & Cervo, 2013; Boxall, 2013; Faludi, 2010; Margolis, 2011, 2012; McRoberts, 2010; Minns, 2013; Monk, 2010, 2012; Oxer & Blemings, 2009; Warren, Adams, & Molle, 2011; Wilcher, 2012)，相信會對 Arduino 程式碼更加了解與熟悉。

程式結構

- setup()
- loop()

一個 Arduino 程式碼(Sketch)由兩部分組成

程式初始化

void setup()

在這個函式範圍內放置初始化 Arduino 開發板的程式 - 在重複執行的程式(loop())之前執行，主要功能是將所有 Arduino 開發板的 pin 腳設定，元件設定，需要初始化的部分設定等等。

迴圈重複執行

void loop()

在此放置你的 Arduino 程式碼。這部份的程式會一直重複的被執行，直到 Arduino 開發板被關閉。

區塊式結構 (Block Structure) 的程式語言

C 語言是區塊式結構的程式語言， 所謂的區塊是一對大括號：『{}』所界定的範圍， 每一對大括號及其涵括的所有敘述構成 C 語法中所謂的複合敘述(Compound Statement)， 這樣子的複合敘述不但對於編譯器而言，構成一個有意義的文法單位， 對於程式設計者而言，一個區塊也應該要代表一個完整的程式邏輯單元， 內含的敘述應該具有相當的資料耦合性 (一個敘述處理過的資料會被後面的敘述拿來使用)， 及控制耦合性 (CPU 處理完一個敘述後會接續處理另一個敘述指定的動作)， 當看到程式中一個區塊時， 應該要可以假設其內所包含的敘述都是屬於某些相關功能的， 當然其內部所使用的資料應該都是完成該種功能所必需的， 這些資料應該是專屬於這個區塊內的敘述， 是這個區塊之外的敘述不需要的。

命名空間 (naming space)

C 語言中區塊定義了一塊所謂的命名空間 (naming space)， 在每一個命名空間內，程式設計者可以對其內定義的變數任意取名字， 稱為區域變數 (local variable)， 這些變數只有在該命名空間 (區塊) 內部可以進行存取， 到了該區塊之外程式就不能在藉由該名稱來存取了， 如下例中 int 型態的變數 z。 由於區塊是階層式的， 大區塊可以內含小區塊， 大區塊內的變數也可以在內含區塊內使用， 例如：

```
{
    int x, r;
    x=10;
    r=20;
    {
        int y, z;
        float r;
        y = x;
        x = 1;
        r = 10.5;
    }
    z = x; // 錯誤，不可使用變數 z
}
```

上面這個例子裡有兩個區塊， 也就有兩個命名空間， 有任一個命名空間中不可有兩個變數使用相同的名字， 不同的命名空間則可以取相同的名字， 例如變數 r， 因此針對某一個變數來說， 可以使用到這個變數的程式範圍就稱為這個變數的作用範圍 (scope)。

變數的生命期 (Lifetime)

變數的生命始於定義之敘述而一直延續到定義該變數之區塊結束為止， 變數的作用範圍：意指程式在何處可以存取該變數， 有時變數是存在的，但是程式卻無法藉由其名稱來存取它， 例如， 上例中內層區塊內無法存取外層區塊所定義的變數 r，因為在內層區塊中 r 這個名稱賦予另一個 float 型態的變數了。

縮小變數的作用範圍

利用 C 語言的區塊命名空間的設計，程式設計者可以儘量把變數的作用範圍縮小， 如下例：

```
{
int tmp;
    for (tmp=0; tmp<1000; tmp++)
        doSomeThing();
}
{
    float tmp;
    tmp = y;
    y = x;
    x = y;
}
```

上面這個範例中前後兩個區塊中的 tmp 很明顯地沒有任何關係， 看這個程式的人不必擔心程式中有藉 tmp 變數傳遞資訊的任何意圖。

特殊符號

; (semicolon)

{} (curly braces)
// (single line comment)
/* */ (multi-line comment)

Arduino 語言用了一些符號描繪程式碼，例如註解和程式區塊。

; //(分號)

Arduino 語言每一行程序都是以分號為結尾。這樣的語法讓你可以自由地安排代碼，你可以將兩個指令放置在同一行，只要中間用分號隔開（但這樣做可能降低程式的可讀性）。

範例：

```
delay(100);
```

{}(大括號)

大括號用來將程式代碼分成一個又一個的區塊，如以下範例所示，在 loop() 函式的前、後，必須用大括號括起來。

範例：

```
void loop(){
    Serial.pritln("Hello !! Welcome to Arduino world");
}
```

註解

程式的註解就是對代碼的解釋和說明，編寫註解有助於程式設計師(或其他人)了解代碼的功能。

Arduino 處理器在對程式碼進行編譯時會忽略註解的部份。

Arduino 語言中的編寫註解有兩種方式

```
//單行註解：這整行的文字會被處理器忽略
/*多行註解：
        在這個範圍內你可以
        寫  一篇  小說
  */
```

變數

程式中的變數與數學使用的變數相似，都是用某些符號或單字代替某些數值，從而得以方便計算過程。程式語言中的變數屬於識別字 (identifier) ，C 語言對於識別字有一定的命名規則，例如只能用英文大小寫字母、數字以及底線符號

其中，數字不能用作識別字的開頭，單一識別字裡不允許有空格，而如 int 、char 為 C 語言的關鍵字 (keyword) 之一，屬於程式語言的語法保留字，因此也不能用為自行定義的名稱。通常編譯器至少能讀取名稱的前 31 個字元，但外部名稱可能只能保證前六個字元有效。

變數使用前要先進行宣告 (declaration) ，宣告的主要目的是告訴編譯器這個變數屬於哪一種資料型態，好讓編譯器預先替該變數保留足夠的記憶體空間。宣告的方式很簡單，就是型態名稱後面接空格，然後是變數的識別名稱

常數

- HIGH | LOW
- INPUT | OUTPUT
- true | false
- Integer Constants

資料型態

- boolean
- char
- byte
- int
- unsigned int
- long
- unsigned long
- float
- double
- string
- array
- void

常數

在 Arduino 語言中事先定義了一些具特殊用途的保留字。HIGH 和 LOW 用來表示你開啟或是關閉了一個 Arduino 的腳位(pin)。INPUT 和 OUTPUT 用來指示這個 Arduino 的腳位(pin)是屬於輸入或是輸出用途。true 和 false 用來指示一個條件或表示式為真或是假。

變數

變數用來指定 Arduino 記憶體中的一個位置，變數可以用來儲存資料，程式人員可以透過程式碼去不限次數的操作變數的值。

因為 Arduino 是一個非常簡易的微處理器，但你要宣告一個變數時必須先定義他的資料型態，好讓微處理器知道準備多大的空間以儲存這個變數值。

Arduino 語言支援的資料型態:

布林 boolean

布林變數的值只能為真(true)或是假(false)

字元 char

單一字元例如 A，和一般的電腦做法一樣 Arduino 將字元儲存成一個數字，即使你看到的明明就是一個文字。

用數字表示一個字元時，它的值有效範圍為 -128 到 127。

PS：目前有兩種主流的電腦編碼系統 ASCII 和 UNICODE。

- ASCII 表示了 127 個字元， 用來在序列終端機和分時計算機之間傳輸文字。
- UNICODE 可表示的字量比較多，在現代電腦作業系統內它可以用來表示多國語言。

在位元數需求較少的資訊傳輸時，例如義大利文或英文這類由拉丁文，阿拉伯數字和一般常見符號構成的語言，ASCII 仍是目前主要用來交換資訊的編碼法。

位元組 byte

儲存的數值範圍為 0 到 255。如同字元一樣位元組型態的變數只需要用一個位元組(8 位元)的記憶體空間儲存。

整數 int

整數資料型態用到 2 位元組的記憶體空間，可表示的整數範圍為 －32,768 到 32,767; 整數變數是 Arduino 內最常用到的資料型態。

整數 unsigned int

無號整數同樣利用 2 位元組的記憶體空間，無號意謂著它不能儲存負的數值，因此無號整數可表示的整數範圍為 0 到 65,535。

長整數 long

長整數利用到的記憶體大小是整數的兩倍，因此它可表示的整數範圍從 －2,147,483,648 到 2,147,483,647。

長整數 unsigned long

無號長整數可表示的整數範圍為 0 到 4,294,967,295。

浮點數 float

浮點數就是用來表達有小數點的數值，每個浮點數會用掉四位元組的 RAM，注意晶片記憶體空間的限制，謹慎的使用浮點數。

雙精準度 浮點數 double

雙精度浮點數可表達最大值為 1.7976931348623157 x 10308。

字串 string

字串用來表達文字信息，它是由多個 ASCII 字元組成(你可以透過序串埠發送一個文字資訊或者將之顯示在液晶顯示器上)。字串中的每一個字元都用一個組元組空間儲存，並且在字串的最尾端加上一個空字元以提示 Ardunio 處理器字串的結束。下面兩種宣告方式是相同的。

```
char word1 = "Arduino world"; // 7 字元 + 1 空字元
char word2 = "Arduino is a good developed kit"; // 與上行相同
```

陣列 array

一串變數可以透過索引去直接取得。假如你想要儲存不同程度的 LED 亮度時，你可以宣告六個變數 light01，light02，light03，light04，light05，light06，但其實你有更好的選擇，例如宣告一個整數陣列變數如下：

```
int light = {0, 20, 40, 65, 80, 100};
```

"array" 這個字為沒有直接用在變數宣告，而是[]和{}宣告陣列。

控制指令

string(字串)

範例

```
char Str1[15];
char Str2[8] = {'a', 'r', 'd', 'u', 'i', 'n', 'o'};
char Str3[8] = {'a', 'r', 'd', 'u', 'i', 'n', 'o', '\0'};
char Str4[ ] = "arduino";
char Str5[8] = "arduino";
char Str6[15] = "arduino";
```

解釋如下：

- 在 Str1 中 聲明一個沒有初始化的字元陣列
- 在 Str2 中 聲明一個字元陣列(包括一個附加字元)，編譯器會自動添加所需的空字元
- 在 Str3 中 明確加入空字元
- 在 Str4 中 用引號分隔初始化的字串常數，編譯器將調整陣列的大小，以適應字串常量和終止空字元
- 在 Str5 中 初始化一個包括明確的尺寸和字串常量的陣列
- 在 Str6 中 初始化陣列，預留額外的空間用於一個較大的字串

空終止字元

一般來說，字串的結尾有一個空終止字元（ASCII 代碼 0）， 以此讓功能函數（例如 Serial.prinf()）知道一個字串的結束， 否則，他們將從記憶體繼續讀取後續位元組，而這些並不屬於所需字串的一部分。

這表示你的字串比你想要的文字包含更多的個字元空間， 這就是為什麼 Str2 和 Str5 需要八個字元， 即使“Arduino”只有七個字元 - 最後一個位置會自動填充空字元， str4 將自動調整為八個字元，包括一個額外的 null， 在 Str3 的，我們自己已經明確地包含了空字元(寫入'\0')。

使用符號：單引號?還是雙引號?

- 定義字串時使用雙引號(例如“ABC”)，
- 定義一個單獨的字元時使用單引號(例如'A')

範例

字串測試範例(stringtest01)

```
char* myStrings[]={
  "This is string 1", "This is string 2", "This is string 3",
  "This is string 4", "This is string 5","This is string 6"};

void setup(){
  Serial.begin(9600);
}

void loop(){
  for (int i = 0; i < 6; i++){
    Serial.println(myStrings[i]);
```

```
        delay(500);
    }
}
```

char* 在字元資料類型 char 後跟了一個星號'*'表示這是一個“指標”陣列，所有的陣列名稱實際上是指標，所以這需要一個陣列的陣列。

指標對於 C 語言初學者而言是非常深奧的部分之一，但是目前我們沒有必要瞭解詳細指標，就可以有效地應用它。

型態轉換

- char()
- byte()
- int()
- long()
- float()

char()

指令用法

將資料轉程字元形態：

語法：char(x)

參數

x: 想要轉換資料的變數或內容

回傳

字元形態資料

unsigned char()

一個無符號資料類型佔用 1 個位元組的記憶體:與 byte 的資料類型相同，無符號的 char 資料類型能編碼 0 到 255 的數位，為了保持 Arduino 的程式設計風格的一致性，byte 資料類型是首選。

指令用法

將資料轉程字元形態：

語法：unsigned char(x)

參數

x: 想要轉換資料的變數或內容

回傳

字元形態資料

```
unsigned char myChar = 240;
```

byte()

指令用法

將資料轉換位元資料形態：

語法：byte(x)

參數

x: 想要轉換資料的變數或內容

回傳

位元資料形態的資料

int(x)

指令用法

將資料轉換整數資料形態：

語法：int(x)

參數

x: 想要轉換資料的變數或內容

回傳

整數資料形態的資料

unsigned int(x)

unsigned int(無符號整數)與整型資料同樣大小，佔據 2 位元組: 它只能用於存儲正數而不能存儲負數，範圍 0~65,535 (2^16) - 1)。

指令用法

將資料轉換整數資料形態：

語法：unsigned int(x)

參數

x: 想要轉換資料的變數或內容

回傳

整數資料形態的資料

```
unsigned int ledPin = 13;
```

long()

指令用法

將資料轉換長整數資料形態：

語法：int(x)

參數

x: 想要轉換資料的變數或內容

回傳

長整數資料形態的資料

unsigned long()

無符號長整型變數擴充了變數容量以存儲更大的資料， 它能存儲 32 位元(4 位元組)資料:與標準長整型不同無符號長整型無法存儲負數， 其範圍從 0 到 4,294,967,295 (2^32-1) 。

指令用法

將資料轉換長整數資料形態：

語法：unsigned int(x)

參數

x: 想要轉換資料的變數或內容

回傳

長整數資料形態的資料

```
unsigned long time;


void setup()
{
    Serial.begin(9600);
```

```
}


void loop()
{
  Serial.print("Time: ");
  time = millis();
  //程式開始後一直列印時間
  Serial.println(time);
  //等待一秒鐘，以免發送大量的資料
  delay(1000);
}
```

float()

指令用法

將資料轉換浮點數資料形態：

語法：float(x)

參數

x: 想要轉換資料的變數或內容

回傳

浮點數資料形態的資料

邏輯控制

控制流程

if
if...else
for
switch case
while
do... while
break
continue
return

Ardunio 利用一些關鍵字控制程式碼的邏輯。

if … else

If 必須緊接著一個問題表示式(expression)，若這個表示式為真，緊連著表示式後的代碼就會被執行。若這個表示式為假，則執行緊接著 else 之後的代碼. 只使用 if 不搭配 else 是被允許的。

範例：

```
#define LED 12
void setup()
{
  int val =1;
  if (val == 1) {
  digitalWrite(LED,HIGH);
}
}
void loop()
{
}
```

for

用來明定一段區域代碼重覆指行的次數。

範例：

```
void setup()
{
  for (int i = 1; i < 9; i++) {
    Serial.print("2 * ");
    Serial.print(i);
    Serial.print(" = ");
    Serial.print(2*i);

  }
}
void loop()
{
}
```

switch case

if 敘述是程式裡的分叉選擇，switch case 是更多選項的分叉選擇。swith case 根據變數值讓程式有更多的選擇，比起一串冗長的 if 敘述，使用 swith case 可使程式代碼看起來比較簡潔。

範例：

```
void setup()
{
   int sensorValue;
      sensorValue = analogRead(1);
   switch (sensorValue) {

   case 10:
      digitalWrite(13,HIGH);
      break;

case 20:
   digitalWrite(12,HIGH);
   break;

default: // 以上條件都不符合時，預設執行的動作
      digitalWrite(12,LOW);
      digitalWrite(13,LOW);
}
}
void loop()
{
   }
```

while

當 while 之後的條件成立時，執行括號內的程式碼。

範例 ：

```
void setup()
{
   int sensorValue;
   // 當 sensor 值小於 256，閃爍 LED 1 燈
   sensorValue = analogRead(1);
   while (sensorValue < 256) {
      digitalWrite(13,HIGH);
      delay(100);
```

```
        digitalWrite(13,HIGH);
        delay(100);
        sensorValue = analogRead(1);
    }
}
void loop()
{
    }
```

do … while

和 while 相似，不同的是 while 前的那段程式碼會先被執行一次，不管特定的條件式為真或為假。因此若有一段程式代碼至少需要被執行一次，就可以使用 do…while 架構。

範例：

```
void setup()
{
    int sensorValue;
    do
    {
        digitalWrite(13,HIGH);
        delay(100);
        digitalWrite(13,HIGH);
        delay(100);
        sensorValue = analogRead(1);
    }
    while (sensorValue < 256);
}
void loop()
{
}
```

break

Break 讓程式碼跳離迴圈，並繼續執行這個迴圈之後的程式碼。此外，在 break 也用於分隔 switch case 不同的敘述。

範例：

```
void setup()
{
}
void loop()
{
   int sensorValue;
   do {
      // 按下按鈕離開迴圈
      if (digitalRead(7) == HIGH)
                break;
              digitalWrite(13,HIGH);
              delay(100);
              digitalWrite(13,HIGH);
              delay(100);
              sensorValue = analogRead(1);
   }
   while (sensorValue < 512);
}
```

continue

continue 用於迴圈之內，它可以強制跳離接下來的程式，並直接執行下一個迴圈。

範例：

```
#define PWMpin 12
#define Sensorpin 8
void setup()
{
}
```

```
void loop()
{
   int light;
   int x ;
   for (light = 0; light < 255; light++)
   {
        // 忽略數值介於 140 到 200 之間
          x = analogRead(Sensorpin) ;

      if ((x > 140) && (x < 200))
         continue;

      analogWrite(PWMpin, light);
      delay(10);

   }
}
```

return

函式的結尾可以透過 return 回傳一個數值。

例如，有一個計算現在溫度的函式叫 computeTemperature()，你想要回傳現在的溫度給 temperature 變數，你可以這樣寫：

```
#define PWMpin 12
#define Sensorpin 8

void setup()
{
}
void loop()
{
   int light;
   int x ;
   for (light = 0; light < 255; light++)
   {
```

```
    // 忽略數值介於 140 到 200 之間
    x = computeTemperature() ;
    if ((x > 140) && (x < 200))
        continue;

        analogWrite(PWMpin, light);
        delay(10);
  }
}
int computeTemperature() {

  int temperature = 0;
  temperature = (analogRead(Sensorpin) + 45) / 100;
      return temperature;
}
```

算術運算

算術符號

= (給值)

+ (加法)

- (減法)

* (乘法)

/ (除法)

% (求餘數)

你可以透過特殊的語法用 Arduino 去做一些複雜的計算。 + 和 - 就是一般數學上的加減法，乘法用*示，而除法用 /表示。

另外餘數除法(%)，用於計算整數除法的餘數值: 一個整數除以另一個數，其餘數稱為模數，它有助於保持一個變數在一個特定的範圍(例如陣列的大小)。

語法：

result = dividend % divisor

參數：

- dividend：一個被除的數字
- divisor：一個數字用於除以其他數

{}括號

你可以透過多層次的括弧去指定算術之間的循序。和數學函式不一樣，中括號和大括號在此被保留在不同的用途(分別為陣列索引，和宣告區域程式碼)。

範例：

```
#define PWMpin 12
#define Sensorpin 8

void setup()
{
        int sensorValue;
        int light;
        int remainder;

        sensorValue = analogRead(Sensorpin) ;
        light = ((12 * sensorValue) - 5 ) / 2;
        remainder = 3 % 2;

}
void loop()
{
}
```

比較運算

== (等於)

!= (不等於)

< (小於)

> (大於)

<= (小於等於)

>= (大於等於)

當你在指定 if,while, for 敘述句時，可以運用下面這個運算符號：

符號	意義	範例
==	等於	a==1
!=	不等於	a!=1
<	小於	a<1
>	大於	a>1
<=	小於等於	a<=1
>=	**大於等於**	a>=1

布林運算

- && (and)
- || (or)
- ! (not)

當你想要結合多個條件式時，可以使用布林運算符號。

例如你想要檢查從感測器傳回的數值是否於 5 到 10，你可以這樣寫：

```
#define PWMpin 12
#define Sensorpin 8
void setup()
{
}
void loop()
{
  int light;
  int sensor ;
  for (light = 0; light < 255; light++)
  {
          // 忽略數值介於 140 到 200 之間
           sensor = analogRead(Sensorpin) ;

  if ((sensor >= 5) && (sensor <=10))
        continue;

        analogWrite(PWMpin, light);
       delay(10);
  }
}
```

這裡有三個運算符號: 交集(and)用 **&&** 表示; 聯集(or)用 **||** 表示; 反相(finally not)用 **!**表示。

複合運算符號：有一般特殊的運算符號可以使程式碼比較簡潔，例如累加運算符號。

例如將一個值加 1，你可以這樣寫:

```
Int value = 10 ;
value = value + 1 ;
```

你也可以用一個復合運算符號累加(++)：

```
Int value = 10 ;
```

```
value ++;
```

複合運算符號

- ++ (increment)
- -- (decrement)
- += (compound addition)
- -= (compound subtraction)
- *= (compound multiplication)
- /= (compound division)

累加和遞減 (++ 和 --)

當你在累加 1 或遞減 1 到一個數值時。請小心 i++和++i 之間的不同。如果你用的是 i++，i 會被累加並且 i 的值等於 i+1；但當你使用++i 時，i 的值等於 i，直到這行指令被執行完時 i 再加 1。同理應用於－－。

+= , －=, *= and /=

這些運算符號可讓表示式更精簡，下面二個表示式是等價的：

```
Int value = 10 ;
value   = value +5 ;        // (此兩者都是等價)
value   += 5 ;              // (此兩者都是等價)
```

輸入輸出腳位設定

數位訊號輸出/輸入

- pinMode()
- digitalWrite()
- digitalRead()

類比訊號輸出/輸入

- analogRead()
- analogWrite() - PWM

Arduino 內含了一些處理輸出與輸入的切換功能，相信已經從書中程式範例略知一二。

pinMode(pin, mode)

將數位腳位(digital pin)指定為輸入或輸出。

範例

```
#define sensorPin 7
#define PWNPin 8
void setup()
{
pinMode(sensorPin,INPUT); // 將腳位 sensorPin (7) 定為輸入模式
}
void loop()
{
}
```

digitalWrite(pin, value)

將數位腳位指定為開或關。腳位必須先透過 pinMode 明示為輸入或輸出模式 digitalWrite 才能生效。

範例 ：

```
#define PWNPin 8
```

```
#define sensorPin 7
void setup()
{
digitalWrite (PWNPin,OUTPUT); // 將腳位 PWNPin (8) 定為輸入模式
}
void loop()
{}
```

int digitalRead(pin)

將輸入腳位的值讀出，當感測到腳位處於高電位時時回傳 HIGH，否則回傳 LOW。

範例：

```
#define PWNPin 8
#define sensorPin 7
void setup()
{
    pinMode(sensorPin,INPUT); // 將腳位 sensorPin (7) 定為輸入模式
    val = digitalRead(7); // 讀出腳位 7 的值並指定給 val
}
void loop()
{
}
```

int analogRead(pin)

讀出類比腳位的電壓並回傳一個 0 到 1023 的數值表示相對應的 0 到 5 的電壓值。

範例：

```
#define PWNPin 8
#define sensorPin 7
void setup()
{
    pinMode(sensorPin,INPUT); // 將腳位 sensorPin (7) 定為輸入模式
    val = analogRead (7); // 讀出腳位 7 的值並指定給 val
}
void loop()
{
}
```

analogWrite(pin, value)

改變 PWM 腳位的輸出電壓值，腳位通常會在 3、5、6、9、10 與 11。value 變數範圍 0-255，例如：輸出電壓 2.5 伏特（V），該值大約是 128。

範例 ：

```
#define PWNPin 8
#define sensorPin 7
void setup()
{
analogWrite (PWNPin,OUTPUT); // 將腳位 PWNPin (8) 定為輸入模式
}
void loop()
{   }
```

進階 I/O

- tone()
- noTone()
- shiftOut()
- pulseIn()

tone(Pin)

使用 Arduino 開發板，使用一個 Digital Pin(數位接腳)連接喇叭，請參考圖 4 所示，將喇叭接在您想要的腳位，並參考表 1 所示，可以產生想要的音調。

範例：

```
#include <Tone.h>

Tone tone1;

void setup()
{
  tone1.begin(13);
  tone1.play(NOTE_A4);
}

void loop()
{
}
```

表 1 Tone 頻率表

常態變數	頻率(Frequency (Hz))
NOTE_B2	123
NOTE_C3	131
NOTE_CS3	139
NOTE_D3	147
NOTE_DS3	156
NOTE_E3	165
NOTE_F3	175
NOTE_FS3	185

NOTE_G3	196
NOTE_GS3	208
NOTE_A3	220
NOTE_AS3	233
NOTE_B3	247
NOTE_C4	262
NOTE_CS4	277
NOTE_D4	294
NOTE_DS4	311
NOTE_E4	330
NOTE_F4	349
NOTE_FS4	370
NOTE_G4	392
NOTE_GS4	415
NOTE_A4	440
NOTE_AS4	466
NOTE_B4	494
NOTE_C5	523
NOTE_CS5	554
NOTE_D5	587
NOTE_DS5	622

NOTE_E5	659
NOTE_F5	698
NOTE_FS5	740
NOTE_G5	784
NOTE_GS5	831
NOTE_A5	880
NOTE_AS5	932
NOTE_B5	988
NOTE_C6	1047
NOTE_CS6	1109
NOTE_D6	1175
NOTE_DS6	1245
NOTE_E6	1319
NOTE_F6	1397
NOTE_FS6	1480
NOTE_G6	1568
NOTE_GS6	1661
NOTE_A6	1760
NOTE_AS6	1865
NOTE_B6	1976
NOTE_C7	2093

NOTE_CS7	2217
NOTE_D7	2349
NOTE_DS7	2489
NOTE_E7	2637
NOTE_F7	2794
NOTE_FS7	2960
NOTE_G7	3136
NOTE_GS7	3322
NOTE_A7	3520
NOTE_AS7	3729
NOTE_B7	3951
NOTE_C8	4186
NOTE_CS8	4435
NOTE_D8	4699
NOTE_DS8	4978

資料來源：

https://code.google.com/p/rogue-code/wiki/ToneLibraryDocumentation#Ugly_Details

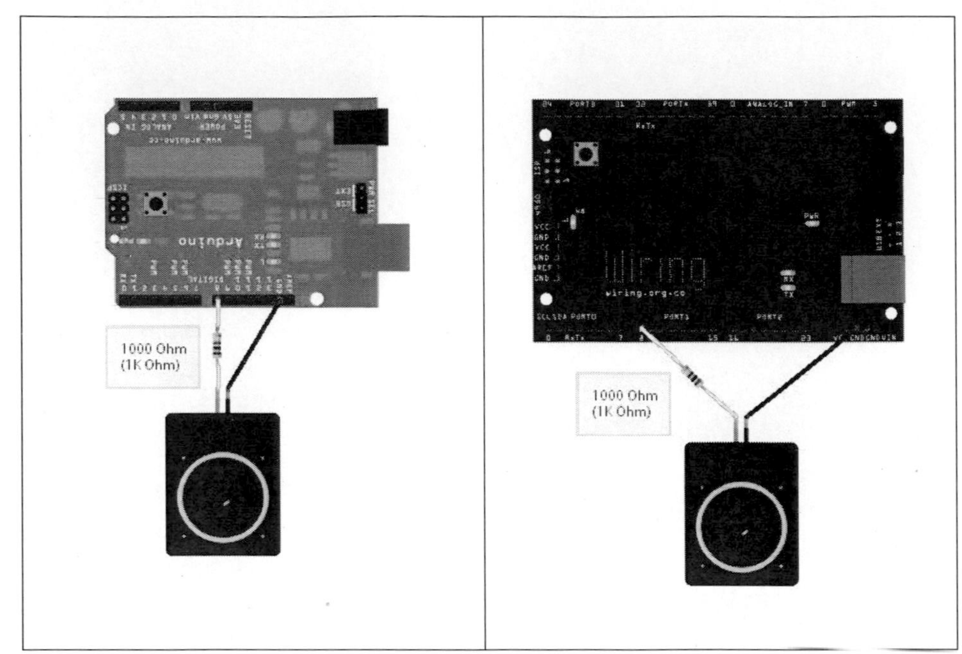

圖 4 Tone 接腳圖

資料來源：

https://code.google.com/p/rogue-code/wiki/ToneLibraryDocumentation#Ugly_Details

shiftOut(dataPin, clockPin, bitOrder, value)

把資料傳給用來延伸數位輸出的暫存器，函式使用一個腳位表示資料、一個腳位表示時脈。bitOrder 用來表示位元間移動的方式（LSBFIRST 最低有效位元或是 MSBFIRST 最高有效位元），最後 value 會以 byte 形式輸出。此函式通常使用在延伸數位的輸出。

範例：

```
#define dataPin 8
#define clockPin 7
void setup()
{
shiftOut(dataPin, clockPin, LSBFIRST, 255);
}
void loop()
{    }
```

unsigned long pulseIn(pin, value)

設定讀取腳位狀態的持續時間，例如使用紅外線、加速度感測器測得某一項數值時，在時間單位內不會改變狀態。

範例 :

```
#define dataPin 8
#define pulsein 7
void setup()
{
Int time ;
time = pulsein(pulsein,HIGH); // 設定腳位 7 的狀態在時間單位內保持為 HIGH
}
void loop()
{    }
```

時間函式

- millis()
- micros()
- delay()
- delayMicroseconds()

控制與計算晶片執行期間的時間

unsigned long millis()

回傳晶片開始執行到目前的毫秒

範例:

```
int   lastTime ,duration;
void setup()
{
  lastTime = millis() ;
}
void loop()
{
  duration = -lastTime; //  表示自"lastTime"至當下的時間
}
```

delay(ms)

暫停晶片執行多少毫秒

範例:

```
void setup()
{
  Serial.begin(9600);
}
void loop()
{
  Serial.print(millis()) ;
  delay(500); //暫停半秒（500 毫秒）
}
```

「毫」是 10 的負 3 次方的意思，所以「毫秒」就是 10 的負 3 次方秒，也就是 0.001 秒，參考表 2

表 2 常用單位轉換表

符號	中文	英文	符號意義
p	微微	pico	10 的負 12 次方
n	奈	nano	10 的負 9 次方
u	微	micro	10 的負 6 次方
m	毫	milli	10 的負 3 次方
K	仟	kilo	10 的 3 次方
M	百萬	mega	10 的 6 次方
G	十億	giga	10 的 9 次方
T	兆	tera	10 的 12 次方

delay Microseconds(us)

暫停晶片執行多少微秒

範例:

```
void setup()
{
  Serial.begin(9600);
}
void loop()
{
  Serial.print(millis()) ;
  delayMicroseconds (1000); //暫停半秒（500 毫秒）
}
```

數學函式

- min()
- max()
- abs()
- constrain()
- map()
- pow()
- sqrt()

三角函式以及基本的數學運算

min(x, y)

回傳兩數之間較小者

範例：

```
#define sensorPin1 7
#define sensorPin2 8
void setup()
{
  int val;
   pinMode(sensorPin1,INPUT); // 將腳位 sensorPin1 (7) 定為輸入模式
   pinMode(sensorPin2,INPUT); // 將腳位 sensorPin2 (8) 定為輸入模式
    val = min(analogRead (sensorPin1), analogRead (sensorPin2)) ;
}
void loop()
{    }
```

max(x, y)

回傳兩數之間較大者

範例：

```
#define sensorPin1 7
#define sensorPin2 8
void setup()
{
   int val;
   pinMode(sensorPin1,INPUT); // 將腳位 sensorPin1 (7) 定為輸入模式
   pinMode(sensorPin2,INPUT); // 將腳位 sensorPin2 (8) 定為輸入模式
   val = max (analogRead (sensorPin1), analogRead (sensorPin2)) ;
}
void loop()
{    }
```

abs(x)

回傳該數的絕對值，可以將負數轉正數。

範例：

```
#define sensorPin1 7
void setup()
{
   int val;
     pinMode(sensorPin1,INPUT); // 將腳位 sensorPin (7) 定為輸入模式
        val = abs(analogRead (sensorPin1)-500);
          // 回傳讀值-500 的絕對值
}
void loop()
{      }
```

constrain(x, a, b)

判斷 x 變數位於 a 與 b 之間的狀態。x 若小於 a 回傳 a；介於 a 與 b 之間回傳 x 本身；大於 b 回傳 b

範例：

```
#define sensorPin1 7
#define sensorPin2 8
#define sensorPin 12
void setup()
{
  int val;
  pinMode(sensorPin1,INPUT); // 將腳位 sensorPin1 (7) 定為輸入模式
  pinMode(sensorPin2,INPUT); // 將腳位 sensorPin2 (8) 定為輸入模式
  pinMode(sensorPin,INPUT); // 將腳位 sensorPin (12) 定為輸入模式
  val = constrain(analogRead(sensorPin), analogRead (sensorPin1), analogRead
(sensorPin2)) ;
  // 忽略大於 255 的數
}
void loop()
{
}
```

map(value, fromLow, fromHigh, toLow, toHigh)

將 value 變數依照 fromLow 與 fromHigh 範圍，對等轉換至 toLow 與 toHigh 範圍。時常使用於讀取類比訊號，轉換至程式所需要的範圍值。

例如：

```
#define sensorPin1 7
#define sensorPin2 8
#define sensorPin 12
void setup()
{
  int val;
```

```
  pinMode(sensorPin1,INPUT); // 將腳位 sensorPin1 (7) 定為輸入模式
  pinMode(sensorPin2,INPUT); // 將腳位 sensorPin2 (8) 定為輸入模式
  pinMode(sensorPin,INPUT); // 將腳位 sensorPin (12) 定為輸入模式
  val = map(analogRead(sensorPin), analogRead (sensorPin1), analogRead
(sensorPin2),0,100) ;
 // 將 analog0 所讀取到的訊號對等轉換至 100 – 200 之間的數值
}
void loop()
{    }
```

double pow(base, exponent)

回傳一個數(base)的指數(exponent)值。

範例：

```
int y=2;
double x = pow(y, 32); // 設定 x 為 y 的 32 次方
```

double sqrt(x)

回傳 double 型態的取平方根值。

範例：

```
int y=2123;
double x = sqrt (y);   // 回傳 2123 平方根的近似值
```

三角函式

- sin()
- cos()
- tan()

double sin(rad)

回傳角度（radians）的三角函式 sine 值。

範例：

```
int y=45;
double sine = sin (y);   // 近似值 0.70710678118654
```

double cos(rad)

回傳角度（radians）的三角函式 cosine 值。

範例：

```
int y=45;
double cosine = cos (y);   // 近似值 0.70710678118654
```

double tan(rad)

回傳角度（radians）的三角函式 tangent 值。

範例：

```
int y=45;
double tangent = tan (y);   // 近似值 1
```

亂數函式

- randomSeed()
- random()

本函數是用來產生亂數用途：

randomSeed(seed)

事實上在 Arduino 裡的亂數是可以被預知的。所以如果需要一個真正的亂數，可以呼叫此函式重新設定產生亂數種子。你可以使用亂數當作亂數的種子，以確保數字以隨機的方式出現，通常會使用類比輸入當作亂數種子，藉此可以產生與環境有關的亂數。

範例：

```
#define sensorPin 7
void setup()
{
randomSeed(analogRead(sensorPin)); // 使用類比輸入當作亂數種子
}
void loop()
{
}
```

long random(max)

long random(min, max)

回傳指定區間的亂數，型態為 long。如果沒有指定最小值，預設為 0。

範例：

```
#define sensorPin 7
long randNumber;
void setup(){
  Serial.begin(9600);
  // if analog input pin sensorPin(7) is unconnected, random analog
  // noise will cause the call to randomSeed() to generate
  // different seed numbers each time the sketch runs.
  // randomSeed() will then shuffle the random function.
  randomSeed(analogRead(sensorPin));
}
void loop() {
  // print a random number from 0 to 299
  randNumber = random(300);
  Serial.println(randNumber);

  // print a random number from  0 to 100
  randNumber = random(0, 100);  // 回傳 0 － 99 之間的數字
  Serial.println(randNumber);
  delay(50);
}
```

通訊函式

你可以在許多例子中，看見一些使用序列埠與電腦交換資訊的範例，以下是函式解釋。

Serial.begin(speed)

你可以指定 Arduino 從電腦交換資訊的速率，通常我們使用 9600 bps。當然也可以使用其他的速度，但是通常不會超過 115,200 bps（每秒位元組）。

範例：

```
void setup() {
  Serial.begin(9600);          // open the serial port at 9600 bps:
}
void loop() {
 }
```

Serial.print(data)

Serial.print(data, 格式字串(encoding))

經序列埠傳送資料，提供編碼方式的選項。如果沒有指定，預設以一般文字傳送。

範例：

```
int x = 0;      // variable

void setup() {
  Serial.begin(9600);          // open the serial port at 9600 bps:
}

void loop() {
  // print labels
  Serial.print("NO FORMAT");          // prints a label
  Serial.print("\t");                 // prints a tab
  Serial.print("DEC");
  Serial.print("\t");
  Serial.print("HEX");
  Serial.print("\t");
  Serial.print("OCT");
  Serial.print("\t");
  Serial.print("BIN");
  Serial.print("\t");
}
```

Serial.println(data)

Serial.println(data, ,格式字串(encoding))

與 Serial.print()相同，但會在資料尾端加上換行字元（ ）。意思如同你在鍵盤上打了一些資料後按下 Enter。

範例：

```
int x = 0;        // variable
void setup() {
  Serial.begin(9600);          // open the serial port at 9600 bps:
}
void loop() {
  // print labels
  Serial.print("NO FORMAT");          // prints a label
  Serial.print("\t");                 // prints a tab
  Serial.print("DEC");
  Serial.print("\t");
  Serial.print("HEX");
  Serial.print("\t");
  Serial.print("OCT");
  Serial.print("\t");
  Serial.print("BIN");
  Serial.print("\t");

  for(x=0; x< 64; x++){       // only part of the ASCII chart, change to suit
    // print it out in many formats:
    Serial.print(x);           // print as an ASCII-encoded decimal - same as "DEC"
    Serial.print("\t");        // prints a tab
    Serial.print(x, DEC);   // print as an ASCII-encoded decimal
    Serial.print("\t");        // prints a tab
    Serial.print(x, HEX);   // print as an ASCII-encoded hexadecimal
    Serial.print("\t");        // prints a tab
    Serial.print(x, OCT);   // print as an ASCII-encoded octal
    Serial.print("\t");        // prints a tab
    Serial.println(x, BIN);   // print as an ASCII-encoded binary
```

```
    //                    then adds the carriage return with "println"
    delay(200);                     // delay 200 milliseconds
  }
  Serial.println("");           // prints another carriage return
}
```

格式字串(encoding)

Arduino 的 print()和 println()，在列印內容時，可以指定列印內容使用哪一種格式列印，若不指定，則以原有內容列印。

列印格式如下：

1. BIN(二進位，或以 2 為基數)，
2. OCT(八進制，或以 8 為基數)，
3. DEC(十進位，或以 10 為基數)，
4. HEX(十六進位，或以 16 為基數)。

使用範例如下：

- Serial.print(78,BIN)輸出為“1001110”
- Serial.print(78,OCT)輸出為“116”
- Serial.print(78,DEC)輸出為“78”
- Serial.print(78,HEX)輸出為“4E”

對於浮點型數位，可以指定輸出的小數數位。例如

- Serial.println(1.23456,0)輸出為“1”

- Serial.println(1.23456,2)輸出為“1.23”
- Serial.println(1.23456,4)輸出為“1.2346”

Print & Println 列印格式(printformat01)

```
/*
使用 for 迴圈列印一個數字的各種格式。
*/
int x = 0;     // 定義一個變數並賦值

void setup() {
  Serial.begin(9600);       // 打開串列傳輸，並設置串列傳輸速率為 9600
}

void loop() {
  ///列印標籤
  Serial.print("NO FORMAT");       // 列印一個標籤
  Serial.print("\t");              // 列印一個轉義字元

  Serial.print("DEC");
  Serial.print("\t");

  Serial.print("HEX");
  Serial.print("\t");

  Serial.print("OCT");
  Serial.print("\t");

  Serial.print("BIN");
  Serial.print("\t");

  for(x=0; x< 64; x++){     // 列印 ASCII 碼表的一部分，修改它的格式得到需要
的內容

    //  列印多種格式：
    Serial.print(x);        // 以十進位格式將 x 列印輸出 - 與 "DEC"相同
```

```
    Serial.print("\t");        // 橫向跳格

    Serial.print(x, DEC);   // 以十進位格式將 x 列印輸出
    Serial.print("\t");        // 橫向跳格

    Serial.print(x, HEX);   // 以十六進位格式列印輸出
    Serial.print("\t");        // 橫向跳格

    Serial.print(x, OCT);   // 以八進制格式列印輸出
    Serial.print("\t");        // 橫向跳格

    Serial.println(x, BIN);   // 以二進位格式列印輸出
    //                                     然後用 "println"列印一個回車
    delay(200);                    // 延時 200ms
  }
  Serial.println("");          // 列印一個空字元，並自動換行
}
```

int Serial.available()

回傳有多少位元組（bytes）的資料尚未被 read()函式讀取，如果回傳值是 0 代表所有序列埠上資料都已經被 read()函式讀取。

範例：

```
int incomingByte = 0;      // for incoming serial data
 void setup() {
            Serial.begin(9600);         // opens serial port, sets data rate to 9600 bps
 }
 void loop() {
            // send data only when you receive data:
            if (Serial.available() > 0) {
                        // read the incoming byte:
                        incomingByte = Serial.read();
                        // say what you got:
```

```
            Serial.print("I received: ");
            Serial.println(incomingByte, DEC);
        }
}
```

int Serial.read()

以 byte 方式讀取 1byte 的序列資料

範例：

```
int incomingByte = 0;     // for incoming serial data
void setup() {
  Serial.begin(9600);       // opens serial port, sets data rate to 9600 bps
}
void loop() {
  // send data only when you receive data:
  if (Serial.available() > 0) {
    // read the incoming byte:
    incomingByte = Serial.read();
    // say what you got:
    Serial.print("I received: ");
    Serial.println(incomingByte, DEC);
  }
}
```

int Serial.write()

以 byte 方式寫入資料到序列

範例：

```
void setup(){
  Serial.begin(9600);
```

```
}
void loop(){
   Serial.write(45); // send a byte with the value 45
      int bytesSent = Serial.write("hello Arduino , I am a beginner in the Arduino
world");
}
```

Serial.flush()

有時候因為資料速度太快，超過程式處理資料的速度，你可以使用此函式清除緩衝區內的資料。經過此函式可以確保緩衝區(buffer)內的資料都是最新的。

範例：

```
void setup(){
   Serial.begin(9600);
}
void loop(){
   Serial.write(45); // send a byte with the valuc 45
      int bytesSent = Serial.write("hello Arduino , I am a beginner in the Arduino
world");
         Serial.flush();
      }
```

章節小結

本章節概略的介紹本書開發工具：『Arduino 開發板』，接下來就是介紹本書主要的內容，讓我們視目以待。

2
CHAPTER

馬達

馬達介紹

馬達正確的學名叫電動機（Electric Motor），俗稱馬達或電動馬達，是一種將電能轉化成機械能，並可再使用機械能產生動能，用來驅動其他裝置的電氣設備，適用於半導體工業、自動化工業、工具機、產業機器及儀器工業等，其應用則遍及各種行業、辦公室、家庭等，生活週遭幾乎無所不在。依電流特性，一般分為交流馬達與直流馬達兩種。

直流電動機

直流馬達(direct current, DC motor)[7]一般是指直流有刷馬達，好處為控速簡單容易，只須控制電壓大小，便可以控制共轉速。直流馬達(direct current, DC motor)是最早發明能將電力轉換為機械功率的電動機，它可追溯到 Michael Faraday 所發明的碟型馬達。法拉第(Faraday)的原始設計其後經過不斷的改良，到了 1880 年代已成為主要的電能機械能轉換裝置。

到了 1960 年，由於矽控整流器 Silicon-Controlled Rectifier (SCR)[8]的發明、磁鐵材料、碳刷、絕緣材料的改良，以及變速控制的需求日益增加，再加上工業自動化的發展，直流馬達驅動系統到了 1980 年，直流伺服驅動系統成為自動化工業與精密加工的關鍵技術。

---

[7] 直流馬達的原理是定子不動，轉子依交互作用所產生作用力的方向運動

[8] 矽控整流器（Silicon Controlled Rectifier）簡稱 SCR，是一種三端點的閘流體(thyristor)元件，用以控制流到負載的電流。

交流電動機

交流電動機[9]（AC Motor）則可以在高溫、易燃等環境下操作，控制交流電動機轉速的方法有二種：一種是使用變頻器控制交流電的頻率，另一種是使用感應馬達，用增加內部阻力的方式，在相同交流電的頻率下降低電動機轉速，控制其電壓只會影響電動機的扭力。

交流馬達主要可分為(1)感應馬達與(2)同步馬達。感應馬達因其轉子結構又可分為(a)鼠籠式， (b)繞線式。交流馬達雖然結構簡單價格低廉，但因其變速控制較為困難，過去主要應用於定轉速或多段變速的應用場合。

變頻器應用於交流馬達的變速控制在工業上已有相當的時日，然而由於近年來大型積體電路的快速發展，功率電子元件的進步，複雜的控制法則得以藉微處理器為基礎的軟體予以實現，使交流馬達的變速控制可藉由數位式變頻器驅動系統而達成，由於數位控制的優點與軟體控制可根據應用狀況而作較大彈性之修改，已逐漸的取代了以往類比式的變頻器而成為未來的主流。

馬達基本構造

電動機的種類很多，以基本結構來說，其組成主要由定子（Stator）和轉子（Rotor）所構成。所謂『定子』就是在電動機機構中，在運行時，在其空間中靜止不動的部分稱為定子；而『轉子』就是在電動機機構中，在運行時，轉子則可繞軸轉動，由軸承支撐。定子與轉子之間會有一定間隙(氣隙)，以確保轉子能自由轉動，不被阻饒。而定子和轉子之間透過磁場變化，依『佛萊明左手定則[10]』

---

[9] 交流馬達則是定子繞組線圈通上交流電，產生旋轉磁場，旋轉磁場吸引轉子一起作旋轉運動

[10]左手定則是一個在數學及物理學上使用的定則。是由英國電機工程師約翰·弗萊明（John Fleming）於十九世紀末期發明的定則，用來幫助他的學生易如反掌地求出移動於磁場的導體所

驅動轉子往依定方向旋轉(如圖 5 所示)。

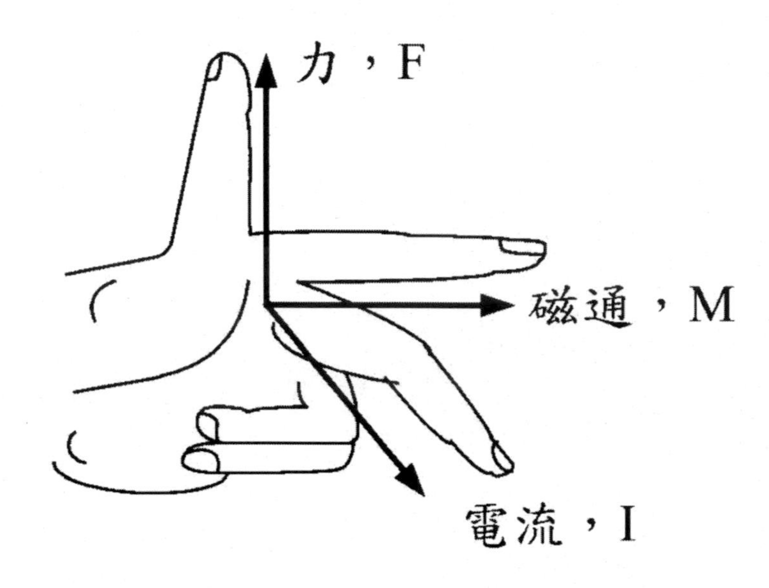

圖 5 弗萊明左手定則示意圖

參考資料：鄒應嶼，電力電子與運動控制實驗室,交通大學電機與控制工程系所(http://pemclab.cn.nctu.edu.tw/PELIB/%E6%8A%80%E8%A1%93%E5%A0%B1%E5%91%8A/TR-001.%E9%9B%BB%E5%8B%95%E6%A9%9F%E6%8E%A7%E5%88%B6%E7%B0%A1%E4%BB%8B/html/)

一般而言，直流馬達之構造及轉動原理，參考圖 6 所示，是直流電源經由電刷通過轉子導線，依弗萊明左手定則，產生磁場，並與定子的磁場相斥，產生推力作用，進而使轉子轉動。

一般而言，直流馬達的原理是定子不動，轉子依相互作用所產生作用力的方向運動。交流馬達則是定子繞組線圈通上交流電，產生旋轉磁場，旋轉磁場吸引轉子一起作旋轉運動。

產生的電動勢的方向

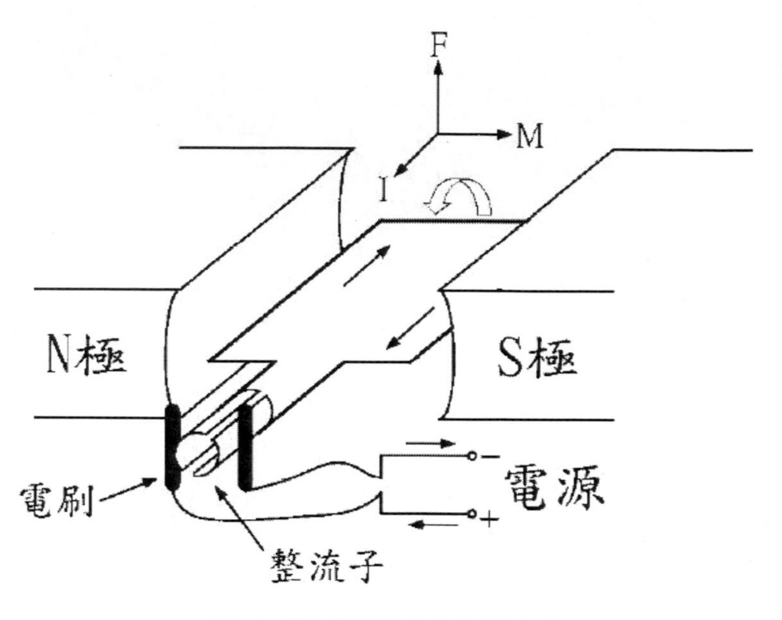

圖 6 直流馬達基本構造與原理

如果把馬達拆開來，參考圖 7 所示，可以分為：前蓋、定子、機殼，轉子、碳刷、後蓋等元件。其中最重要的元件，恐怕是轉子，參考圖 8 所示，轉子主要是透過線圈，由碳刷導電，由電生磁、磁生電的概念，來產生磁力，一般而言，定子為永久磁鐵所構成，直流馬達的原理是定子不動，轉子依相互作用所產生作用力的方向運動。

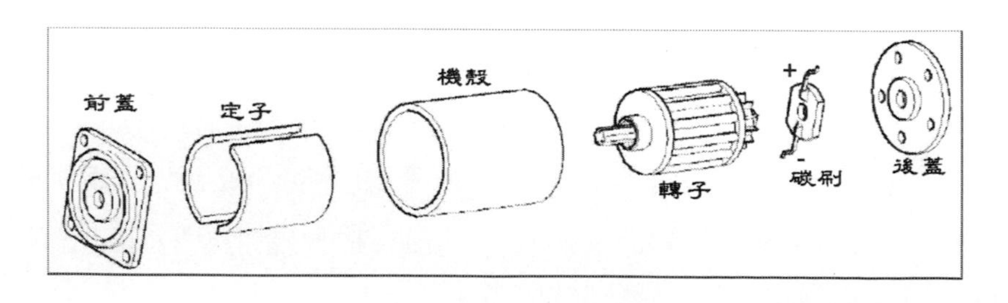

圖 7 馬達構造示意圖

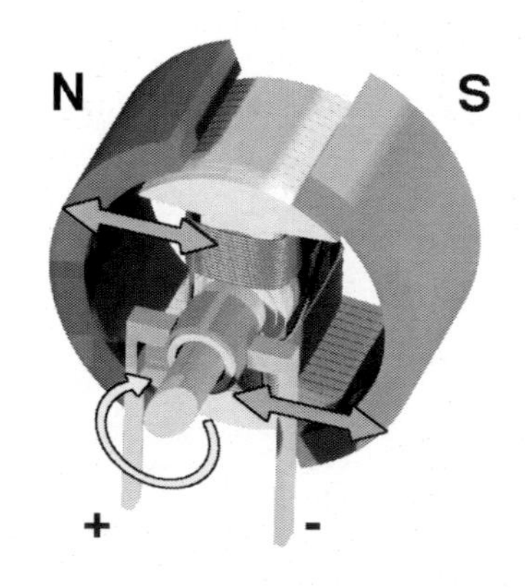

圖 8 轉子構造示意圖

馬達發展歷史介紹

- 1834 年，美國鐵匠湯馬斯.達文波特（Thomas Davenport）製作世界上第一台直流馬達驅動電動汽車（資料來源：http://www.industryhk.org/tc_chi/fp/fp_hki/files/HKIMAR10_focus_c.pdf）。
- 1870 年代初期，世界上最早可商品化的馬達由比利時電機工程師 Zenobe Theophile Gamme 所發明。
- 1888 年，美國著名發明家尼古拉·特斯拉應用法拉第的電磁感應原理，發明交流馬達，即為感應馬達。
- 1845 年，英國物理學家惠斯頓（Wheatstone）申請線性馬達的專利，但原理於 1960 年代才被重視，而設計了實用性的線性馬達，目前已被廣泛在工業上應用。
- 1902 年，瑞典工程師丹尼爾森利用特斯拉感應馬達的旋轉磁場觀念，發明了同步馬達。
- 1923 年，蘇格蘭人 James Weir French 發明三相可變磁阻型（Variable reluctance）步進馬達。

- 1962 年，藉霍爾元件之助，實用之 DC 無刷馬達終於問世。
- 1980 年代，實用之超音波馬達開始問世。

資料來源：台灣 Wiki

(http://www.twwiki.com/wiki/%E9%9B%BB%E5%8B%95%E9%A6%AC%E9%81%94)

電源分類之馬達

表 3 依電源之馬達分類

名稱	特性
直流馬達	使用永久磁鐵或電磁鐵、電刷、整流子等元件，電刷和整流子將外部所供應的直流電源，持續地供應給轉子的線圈，並適時地改變電流的方向，使轉子能依同一方向持續旋轉。
交流馬達	將交流電通過馬達的定子線圈，設計讓周圍磁場在不同時間、不同的位置推動轉子，使其持續運轉
脈衝馬達	電源經過數位 IC 晶片處理，變成脈衝電流以控制馬達，步進馬達就是脈衝馬達的一種。

資料來源：台灣 Wiki

(http://www.twwiki.com/wiki/%E9%9B%BB%E5%8B%95%E9%A6%AC%E9%81%94)

依馬達構造之分類（直流與交流電源皆有）

表 4 依馬達構造之分類

名稱	特性

名稱	特性
同步馬達	特點是恆速不變與不需要調速，起動轉矩小，且當馬達達到運轉速度時，轉速穩定，效率高。
感應馬達	特點是構造簡單耐用，且可使用電阻或電容調整轉速與正反轉，典型應用是風扇、壓縮機、冷氣機
可逆馬達	基本上與感應馬達構造與特性相同，特點馬達尾部內藏簡易的剎車機構(摩擦剎車)，其目的為了藉由加入摩擦負載，以達到瞬間可逆的特性，並可減少感應馬達因作用力產生的過轉量。
步進馬達	特點是脈衝馬達的一種，以一定角度逐步轉動的馬達，因採用開迴路（Open Loop）控制方式處理，因此不需要位置檢出和速度檢出的回授裝置，就能達成精確的位置和速度控制，且穩定性佳。
伺服馬達 (servo motor)	特點是具有轉速控制精確穩定、加速和減速反應快、動作迅速（快速反轉、迅速加速）、小型質輕、輸出功率大（即功率密度高）、效率高等特點，廣泛應用於位置和速度控制上。
線性馬達	具有長行程的驅動並能表現高精密定位能力。
其他	旋轉換流機（Rotary Converter）、旋轉放大機（Rotating Amplifier）等

資料來源：台灣 Wiki

(http://www.twwiki.com/wiki/%E9%9B%BB%E5%8B%95%E9%A6%AC%E9%81%94)

控制馬達介紹

由於直流馬達在啟動的瞬間，會有一個大電流的衝擊，很容易損壞直流馬達的電刷。因此，直接使用 Arduino 開發板的 TTL 訊號來驅動直流馬達不但無法驅動，嚴重還會直接燒毀 Arduino 開發板。所以我們需要一個大電流與大電壓的馬達驅動器來驅動馬達。

Arduino 開發板若直接控制大電流之電動機都會用到放大電路，原因是 Arduino 開發板大約只有輸出 20mA 的電流，甚至現在講求低功耗的單晶片只有 8mA 或更少，因此我們需要由兩個電晶體組成的電路「達靈頓電路[11]」來做電流放大。

達靈頓的特性有：

1. 高電流增益
2. 電壓增益約等於 1（小於 1）
3. 高輸入阻抗
4. 低輸出阻抗
5. 漏電流影響極大，造成電路不穩定

但這類電晶體並不能控制電流方向，換句話說使用這類電路電動機就只能往單一方向運動，由於需要控制馬達的前進、後退、轉彎等行駛方向，如果要改變方向就必須要能改變電流流向，這時就要用到所謂「H Bridge」也就是俗稱的「H 橋」電路。

---

[11]是一種直接耦合放大器，電晶體間以直接方式串接，沒有加上任何耦合元件。這樣的電晶體串接型式最大的作用是：提供高電流放大增益。

參考資料：比良坂竜二医者

http://gcyrobot.blogspot.tw/2011/05/arduino-h-bridgel293d.html

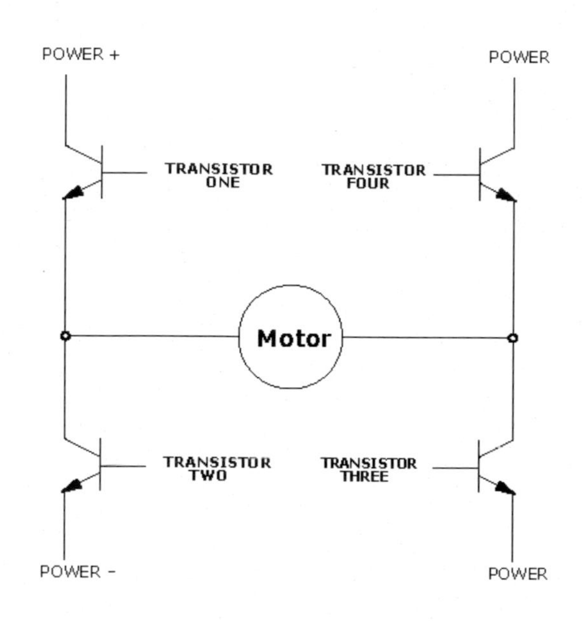

圖 9 H Bridge 電路圖

參考資料：比良坂竜二医者

http://gcyrobot.blogspot.tw/2011/05/arduino-h-bridgel293d.html

讀者可以發現如圖 9 所示，H 橋就是由如圖 10 所示之電晶體組成，組成四個的電晶體電路，，然後由 V_{in} 輸入到基極(Base)的電位決定電晶體集極(Collector)與射極（Emmiter）是否導通，讀者可以把它想成一個電子式的開關，透過 V_{in} 輸入來導通知電子開關。

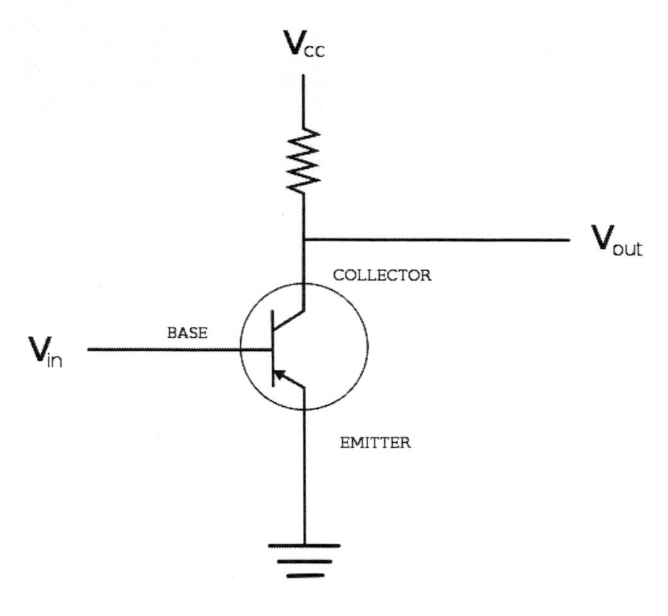

圖 10 H 橋之電晶體放大電路

參考資料：比良坂竜二医者

http://gcyrobot.blogspot.tw/2011/05/arduino-h-bridgel293d.html

為了簡化本書實驗所用的電子線路，市面上有已經將 H 橋電路封裝成 IC 的產品，如 SGS-THOMSON Microelectronics (現為 STMicroelectronics)(L298N, 2013) 生產的 L298N 全橋式晶片。

本書為了實驗所需，採用 L298N DC 馬達驅動板模組，由圖 12 所示，本實驗使用 L298N DC 馬達驅動板模組，乃參考 DF Robot 的 Arduino Motor Shield (L298N) (SKU:DRI0009)("Arduino Motor Shield (L298N)," 2013)，其相關網址為 http://www.dfrobot.com/wiki/index.php?title=Arduino_Motor_Shield_(L298N)_(SKU:DRI0009) ，若有興趣的讀者，可以到其網址觀看相關產品資訊。若對詳細資料有興趣的讀者，可以到 STMicroelectronics 公司網站 http://www.st.com/web/en/home.html 查閱更詳細資料，也可參閱附錄中 L298N 原廠參考手冊。

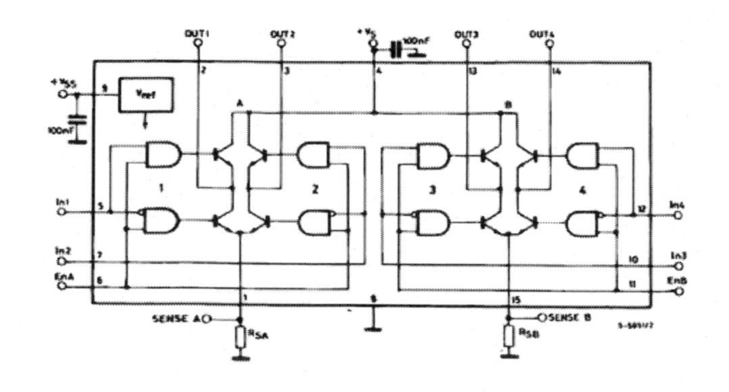

圖 11 L298N Circuit Diagram

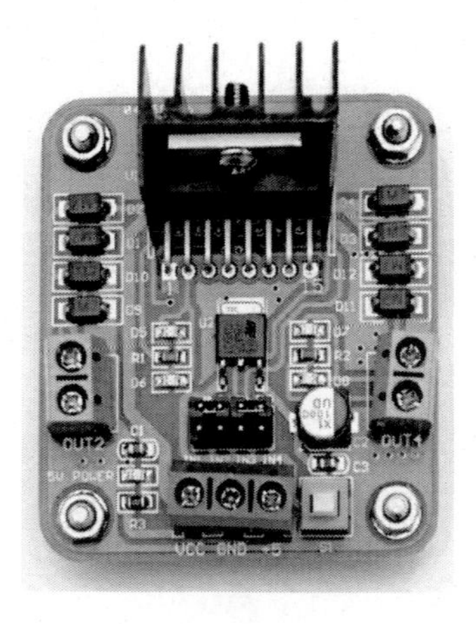

圖 12 L298N DC 馬達驅動板模組

由於 Arduino 開發板電力微弱，所以我們不能由 Arduino 開發板直接供電給馬達，由圖 13 所示，建議馬達供電與 Arduino 開發板供電必須要分開，才不會發生電流不穩定造成 Arduino 開發板當機的情況，另外就是要記得將 Arduino 開發板的電源接地腳與馬達電源的接地腳共接，才不會因為接地(Gnd)電壓不同，導致 Arduino 開發板可能燒毀的情形。

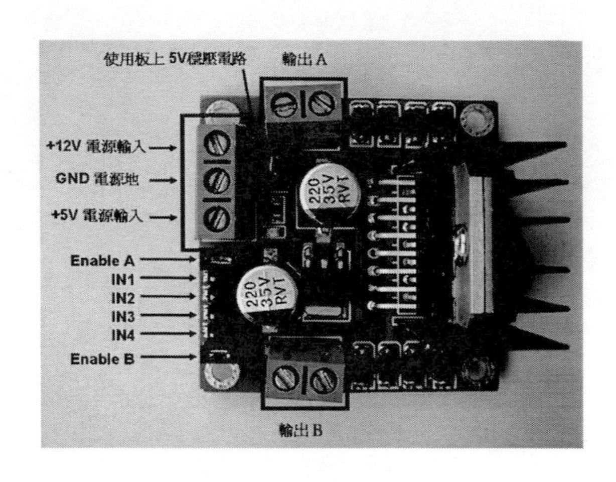

圖 13 L298N DC 馬達驅動板模組解說圖

L298N DC 馬達驅動板模組規格

模組名稱：雙 H 橋馬達驅動模組

工作模式：H 橋驅動（雙路）

主控晶片：L298N

邏輯電壓：5V

輸入電流：0 ~36mA

驅動馬達電源：+5V ~ + 35V

馬達有效電流：2A(MAX 單橋)

存儲溫度：-20℃ 到 +135℃

最大輸出功率：25W (溫度約 75℃)

控制訊號電壓準位(IN1~IN4)：Low -0.3V ~ 1.5V、High：2.3V ~ Vss

致能訊號腳位(ENA、ENB)：Low -0.3V ~ 1.5V、High：2.3V ~ Vss

重量：30g

週邊尺寸：43*43*27mm

L298N DC 馬達驅動板模組特點

1. 使用 ST 公司(L298N, 2013)的 L298N 作為主驅動晶片，具有驅動能力強，發熱量低，抗干擾能力強的特點。
2. 使用 L298N 晶片驅動馬達，該晶片可以驅動一台兩相步進馬達或四相步進馬達，也可以驅動兩台直流馬達。
3. 工作電壓高，最高工作電壓可達 46V。
4. 輸出電流大，瞬間峰值電流可達 3A，持續工作電流為 2A。
5. 使用大容量濾波電容，續流保護二極體，可以提高可靠性。
6. 內含兩個 H 橋的高電壓大電流全橋式驅動器，可用來驅動直流電動機和步進電動機、繼電器線圈等。

L298N DC 馬達驅動板

由於控制直流馬達，需要較大的電流，尤其在啟動的瞬間，會有一個大電流的衝擊，嚴重還會直接燒毀 Arduino 開發板。所以我們需要一個大電流與大電壓的馬達驅動器來驅動馬達，所以本實驗使用 L298N DC 馬達驅動板(參考圖 12、圖 12、圖 13)來驅動直流馬達，並參考表 5 L298N DC 馬達驅動板接腳表完成圖 14。之電路圖。

表 5 L298N DC 馬達驅動板接腳表

L298N DC 馬達驅動板	Arduino 開發板接腳	解說
＋5V	Arduino pin 5V	5V 陽極接點
GND	Arduino pin Gnd	共地接點
In1	Arduino pin 7	控制訊號 1
In2	Arduino pin 6	控制訊號 2
In3	Arduino pin 5	控制訊號 3
In4	Arduino pin 4	控制訊號 4
Out1	第一顆馬達　正極輸入	第一顆馬達

L298N DC 馬達驅動板	Arduino 開發板接腳	解說
Out2	第一顆馬達　負極輸入	
Out3	第二顆馬達　正極輸入	第二顆馬達
Out4	第二顆馬達　負極輸入	

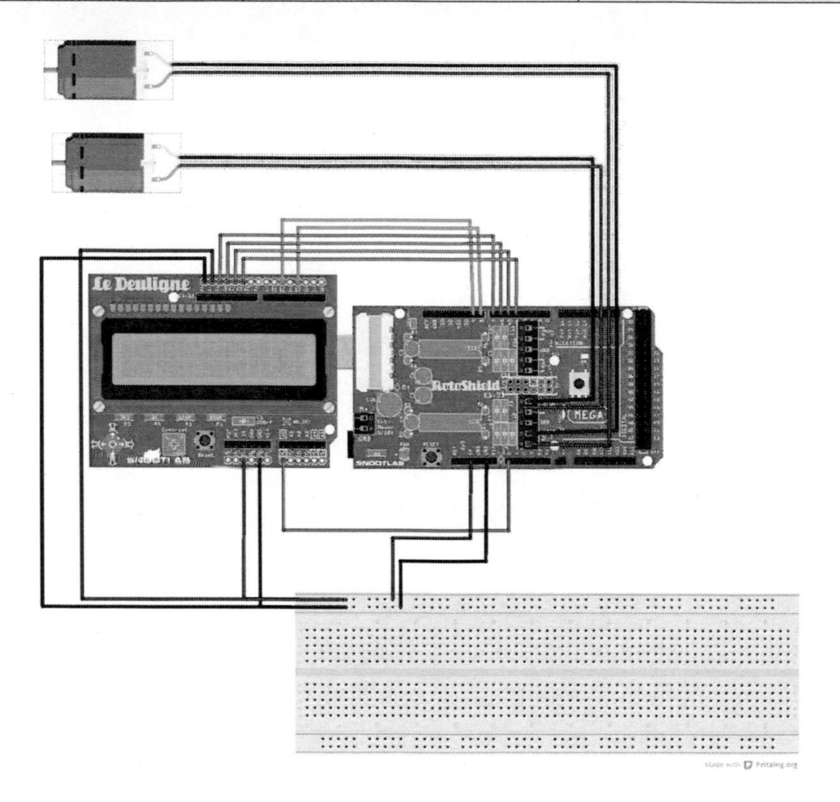

圖 14 L298N DC 馬達驅動板接腳圖

使用工具 by Fritzing (Fritzing.org., 2013)

我們攥寫下列程式之後，將之上載到 Arduino 開發板之後，進行測試：

表 6 L298N 直流馬達測試程式一

L298N 直流馬達測試程式一(motortest1)
const int motor1a = 7; const int motor2a = 6;

L298N 直流馬達測試程式一(motortest1)

```
const int motor3a = 5;
const int motor4a = 4;


 void setup()
 {
    pinMode(motor1a,OUTPUT);
    pinMode(motor2a,OUTPUT);
    pinMode(motor3a,OUTPUT);
    pinMode(motor4a,OUTPUT);

 }

 void loop()
 {
   digitalWrite(motor1a,HIGH);
    digitalWrite(motor2a,LOW);
    digitalWrite(motor3a,HIGH);
    digitalWrite(motor4a,LOW);
    delay(3000);
    digitalWrite(motor1a,LOW);
    digitalWrite(motor2a,HIGH);
    digitalWrite(motor3a,LOW);
    digitalWrite(motor4a,HIGH);
    delay(3000);
 }
```

執行上述程式後，可見到圖 15 測試結果，可以完整控制兩個輪子前後旋轉，所以 Arduino 開發版與 L298N DC 馬達驅動板整合之後，可以輕易驅動直流馬達旋轉，並且透過 H 橋式電路，可以轉換兩端電壓，產生正負極交換的效果，進而驅動馬達正轉或逆轉。

圖 15 馬達測試一結果畫面

由上述程式 Arduino 開發板就可以做到控制大電壓、大電流的馬達，並且可以輕易透過訊號變更，可以驅動馬達正轉、逆轉、停止等基本動作，對本實驗已足夠達到最基本的功能。

章節小結

本章節內容主要是教導讀者如何控制馬達運轉，希望讀者能夠反覆閱讀本章之後，直到了解後才繼續往下實作，繼續進行我們的實驗。

3
CHAPTER

步進馬達

步進馬達

1923 年，英國蘇格蘭人 James Weir French 發明三相可變磁阻型（Variable reluctance），此為步進馬達前身。依圖 16 所示，步進馬達的種類依照轉子結構來分可以分成三種：永久磁鐵 PM 式(Permanent magnet type)、可變磁阻 VR 式(Variable reluctance type)、以及複合式(hybrid type)(邱奕志, 2003)。

- 永久磁鐵 PM 式(Permanent magnet type)：外側為電磁鐵的定子，內為 NS 交互磁化的永磁轉子(無齒型)
- 可變磁阻 VR 式(Variable reluctance type)：
    - 轉子是利用齒型與定子吸引所發生的轉力，
    - 因而 VR 型在無激磁[12]的時候，並不發生保持轉矩。
    - (另外永久磁鐵 PM 式的磁極會互相吸引+推斥，但可變磁阻 VR 式的只有互相吸引而已。)
- 複合式(Hybrid type)：
    - 結合永久磁鐵 PM 式與可變磁阻 VR 式的類型。
    - 轉子為永磁，有齒形，但磁化方向不同永久磁鐵 PM 式。
    - 以軸向截面交互磁化，所以可以分得更多的磁極。
    - 所以定子在軸向也分成不同截段。

資料來源：http://ming-shian.blogspot.tw/2013_05_01_archive.html

---

[12] 馬達的線圈通電時，產生磁力叫做激磁。

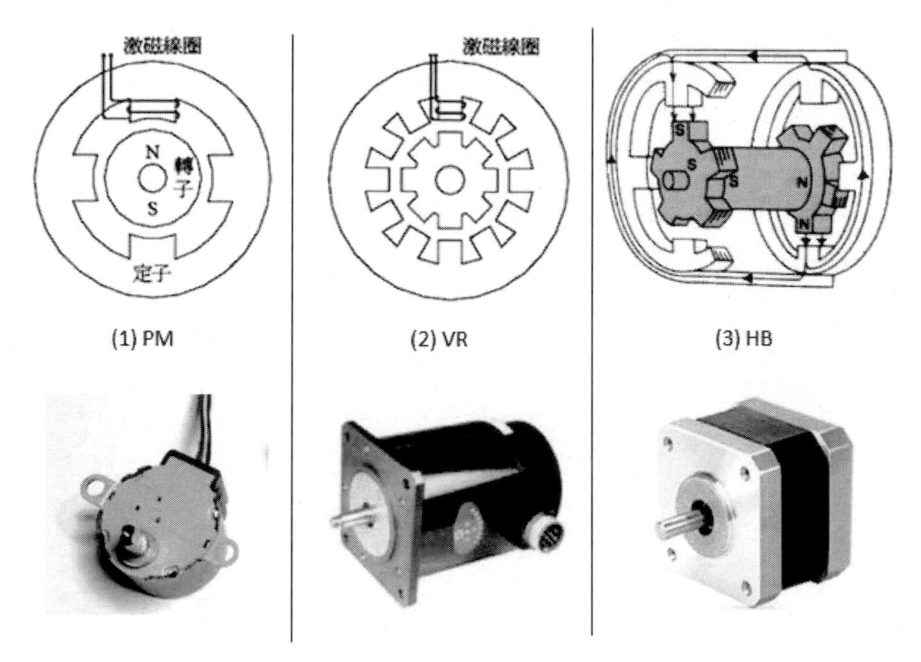

圖 16 常見步進馬達

資料來源：http://ming-shian.blogspot.tw/2013_05_01_archive.html

永久磁鐵 PM 式(Permanent magnet type)步進馬達的轉子是以永久磁鐵製成，其特性為線圈無激磁(馬達的線圈通電時，產生磁力叫做激磁)時，由於轉子本身具磁性故仍能產生保持轉矩。

永久磁鐵 PM 式(Permanent magnet type)步進馬達的步進角依照轉子材質不同而有所改變，例如鋁鎳鈷系(alnico)磁鐵轉子之步進角較大，為 45°或 90°，而陶鐵系 (ferrite)磁鐵因可多極磁化故步進角較小，為 7.5°及 15°。

可變磁阻 VR 式(Variable reluctance type)步進馬達的轉子是以高導磁材料加工製成，由於是利用定子線圈產生吸引力使轉子轉動，因此當線圈未激磁時無法保持轉矩，此外，由於轉子可以經由設計提高效率，故可變磁阻 VR 式(Variable reluctance type)步進馬達可以提供較大之轉矩，通常運用於需要較大轉矩與精確定位之工具機上，VR 式的步進角一般均為 15°。

複合式(hybrid type)的步進馬達在結構上，是在轉子外圍設置許多齒輪狀之突出電極，同時在其軸向裝置永久磁鐵，可視為永久磁鐵 PM 式(Permanent magnet type)與可變磁阻 VR 式(Variable reluctance type)之合體，故稱之為複合式步進馬達，複合式步進馬達具備了永久磁鐵 PM 式與可變磁阻 VR 式兩者的優點，因此具備高精確度與高轉矩的特性，複合式步進馬達的步進角較小，一般介於 1.8°~3.6°之間，最常運用於辦公室設備與器材：如影印機、印表機或攝影器材上。

步進馬達介紹

電動機動作原理是當轉子通上電流時由於切割定子所產生的磁力線而生成旋轉扭矩造成電動機轉子的轉動；步進馬達的驅動原理也是如此，不過若以驅動訊號的觀點來看，一般直流馬達與交流馬達所使用的驅動電壓訊號為連續的直流訊號與交流訊號，而步進馬達則是使用不連續的脈波訊號。

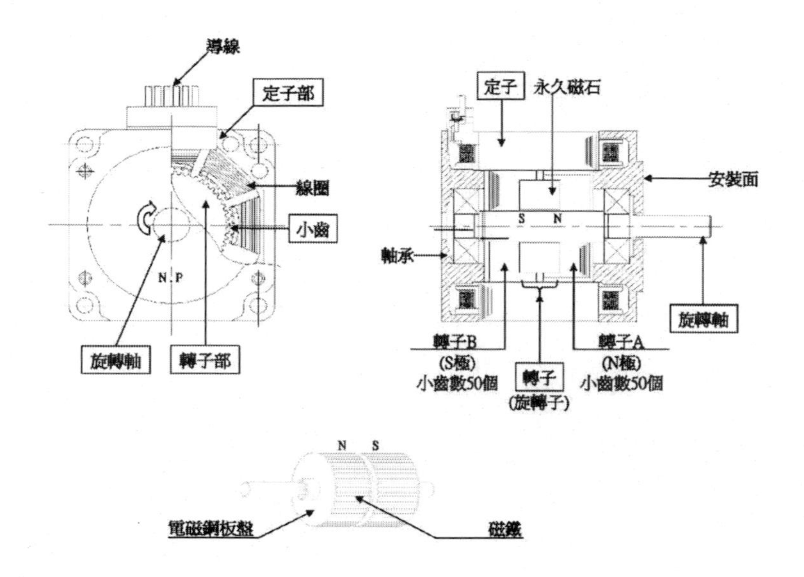

圖 17 HB 步進馬達內部構造

資料來源：http://www.sunholy.com.tw/epaper/NO.89/89.pdf

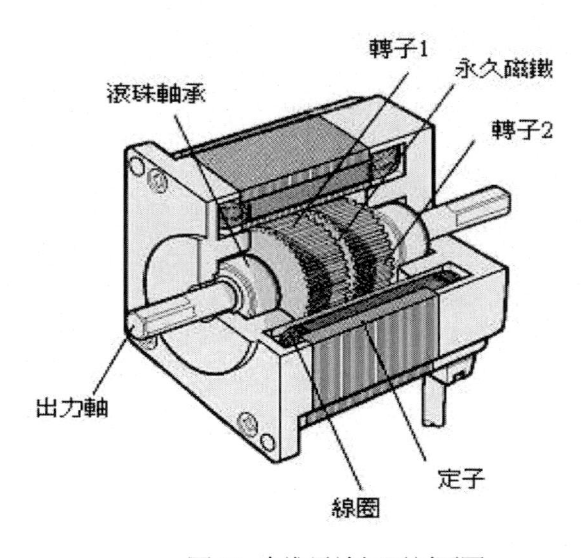

圖 18 步進馬達切面剖面圖

資料來源：台灣東方馬達股份有限公司-步進馬達的基礎認識與使用方法篇
(http://www.orientalmotor.com.tw/image/web_seminar/stkiso/20130307_stkiso_seminar.pdf)

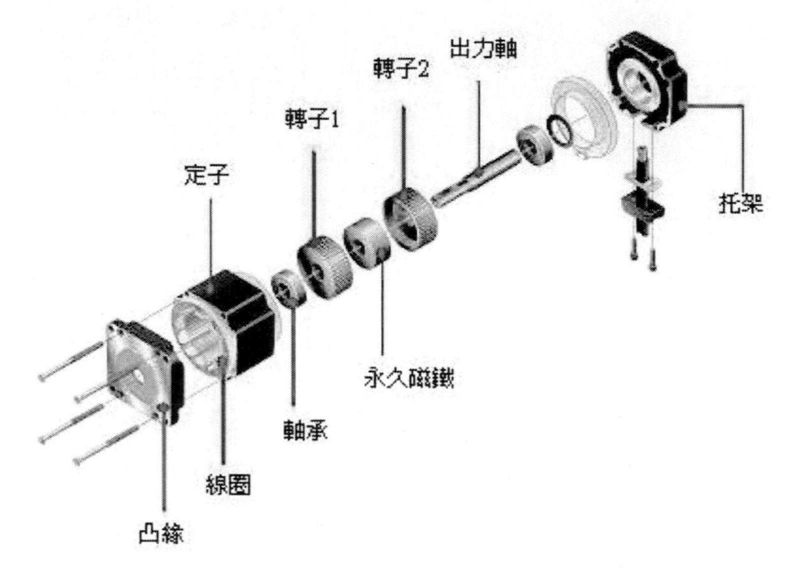

圖 19 步進馬達零件爆炸圖

資料來源：台灣東方馬達股份有限公司-步進馬達的基礎認識與使用方法篇(http://www.orientalmotor.com.tw/image/web_seminar/stkiso/20130307_stkiso_seminar.pdf)

前章節介紹過步進馬達的結構，由圖 17、圖 18、圖 19 所示，不論是可變磁阻 VR 式(Variable reluctance type)或複合式(hybrid type)步進馬達，其定子均設計為齒輪狀，這是因為步進馬達是以脈波訊號依照順序使定子激磁。

步進馬達之運轉特性

一般而言，步進馬達可概略分為兩種控制方法，如圖 20 所示，只要將脈波輸入到控制器，則控制器會依據脈波的多寡，驅動步進馬達前進與脈波一樣個數的步進數，為脈波列輸入型。

另一種如圖 21 所示，由特殊的控制器組成的微電腦直接輸出電氣訊號，驅動步進馬達的內部定子的線圈，並驅動步進馬達動作到某個角度，則外步控制的電腦不需要了解步進馬達的步進角、控制脈波等，只需要直接輸出控制命令給該控制器，即可控制步進馬達運轉、正轉、逆轉、轉動角度、速度…等，為控制命令轉譯型。

一般而言、微電腦透過控制器來控制步進馬達，當控制訊號自微電腦輸出後，隨即藉由驅動器(Motor Driver)將訊號放大，達到控制馬達運轉的目的，整個控制流程中並無利用到任何回饋訊號，因此步進馬達的控制模式為典型的閉迴路控制系統(Close Loop Control)[13]。閉迴路控制的優點為控制系統簡潔，無回饋訊號因此不需感測器成本較低，不過正由於步進馬達的控制為開路控制，因此若馬達發生失步或失速的情況時，無法立即利用感測器將位置誤差傳回做修正補償，要解決類似的問題必須從了解步進馬達運轉特性著手方能解決。

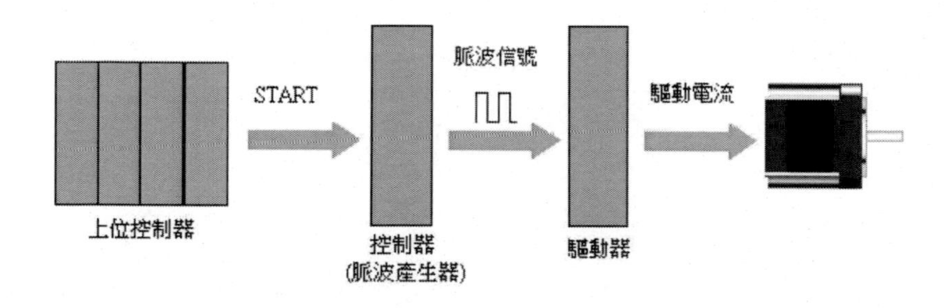

圖 20 脈波列輸入型步進馬達動作圖

資料來源：台灣東方馬達股份有限公司-步進馬達的基礎認識與使用方法篇(http://www.orientalmotor.com.tw/image/web_seminar/stkiso/20130307_stkiso_seminar.pdf)

[13] 可參考 http://en.wikipedia.org/wiki/Control_theory

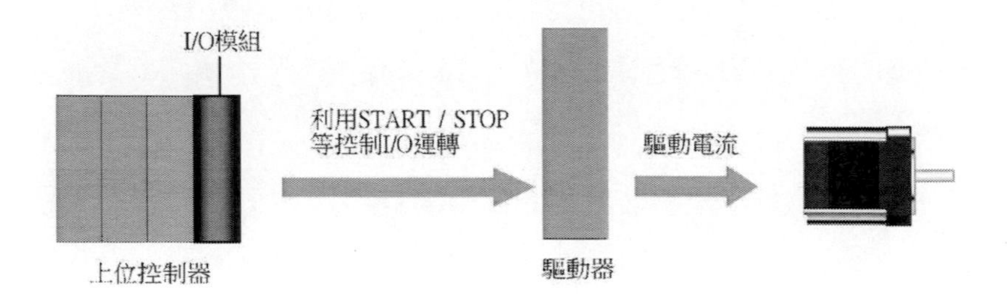

圖 21 控制命令轉譯型步進馬達動作圖

資料來源：台灣東方馬達股份有限公司-步進馬達的基礎認識與使用方法篇(http://www.orientalmotor.com.tw/image/web_seminar/stkiso/20130307_stkiso_seminar.pdf)

失速問題

所謂失速是指當馬達轉子的旋轉速度無法跟上定子激磁速度時，造成馬達轉子停止轉動。馬達失速的現象各種馬達都有發生的可能，在一般的馬達應用上，發生失速時往往會造成繞組線圈燒毀的後果，不過步進馬達發生失速時只會造成馬達靜止，線圈雖然仍在激磁中，但由於是脈波訊號，因此不會燒毀線圈。

失步問題

失速是指轉子完全跟不上激磁速度而完全靜止，失步的成因則是由於馬達運轉中瞬間提高轉速時，因輸出轉矩與轉速成反比，故轉矩下降無法負荷外界負載，而造成小幅度的滑脫。失步的情況則只有步進馬達會發生，要防止失步可以依照步進馬達的轉速－轉矩曲線圖調配馬達的加速度控制程式。步進馬達的速度是指每秒的脈波數目(pulses per second)。與一般馬達特性曲線最大的不同點是步進馬達有兩條特性曲線，同時步進馬達可以正常操作的範圍僅限於引入轉矩之間。

概念解釋

- 引入轉矩(Pull-in Torque)： 引入轉矩是指步進馬達能夠與輸入訊號同步起動、停止時的最大力矩，因此在引入轉矩以下的區域中馬達可以隨著輸入訊號做同步起動、停止、以及正反轉，而此區域就稱作自起動區(Start-Stop Region)。
- 最大自起動轉矩(Maximum Starting Torque)： 最大自起動轉矩是指當起動脈波率低於 10pps 時，步進馬達能夠與輸入訊號同步起動、停止的最大力矩。
- 最大自起動頻率(Maximum Starting Pulse Rate)：最大自起動頻率是指馬達在無負載（輸出轉矩為零）時最大的輸入脈波率，此時馬達可以瞬間停止、起動。
- 脫出轉矩(Pull-out Torque)：脫出轉矩是指步進馬達能夠與輸入訊號同步運轉，但無法瞬間起動、停止時的最大力矩，因此超過脫出轉矩則馬達無法運轉，同時介於脫出轉矩以下與引入轉矩以上的區域則馬達無法瞬間起動、停止，此區域稱作扭轉區域(Slew Region)，若欲在扭轉區域中起動、停止則必須先將馬達回復到自起動區，否則會有失步現象。
- 最大響應頻率(Maximum Slewing Pulse Rate)：最大響應頻率是指馬達在無負載（輸出轉矩為零）時最大的輸入脈波率，此時馬達無法瞬間停止、起動。
- 保持轉矩(Holding Torque)：保持轉矩是指當線圈激磁的情況下，轉子保持不動時，外界負載改變轉子位置 時所需施加的最大轉矩。

參考資料：Yahoo 知識：

http://tw.knowledge.yahoo.com/question/question?qid=1105052101607

步進馬達相數介紹

步進馬達依照定子線圈的相數多寡可分為單相、雙相、三相、四相和五相等，由圖 22 所示：

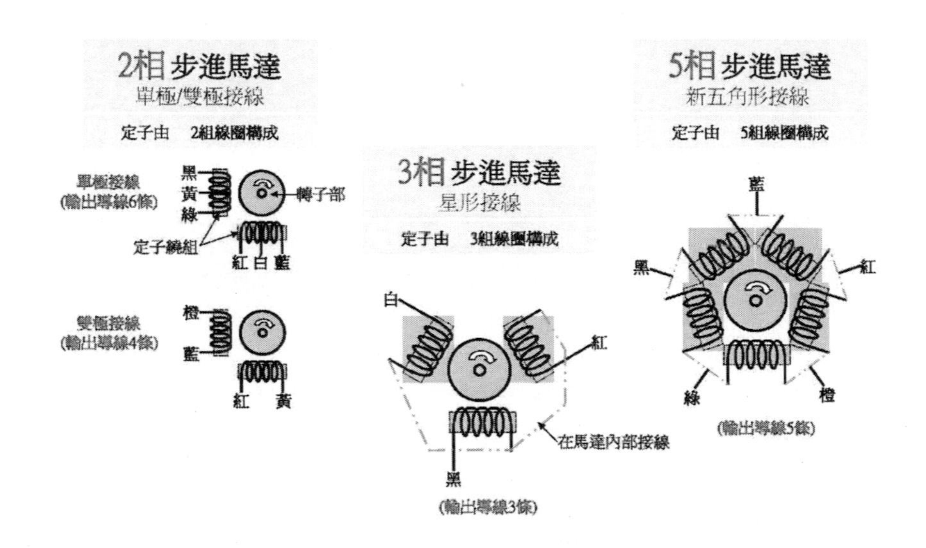

圖 22 HB 步進馬達內部線圈形式

資料來源：http://www.sunholy.com.tw/epaper/NO.89/89.pdf

當馬達單相激磁時，這四組線圈可在各相的對應處停住轉子，當下一個脈衝來到時，轉子轉動一個角度，這種角度稱為步進角。步進角[14]的計算公式如方程

[14] 步級角：亦即步進馬達之解析度（此指 1 脈波的移動量），步進馬達的步級角就是依馬達旋轉一圈（360°）而分割成多少來決定。

式 1所示：

方程式 1步進角計算公式

$$\theta(\text{轉子齒間距}) = \frac{360}{\text{轉子齒數}}$$

$$\text{基本步進角} = \frac{360}{(\text{相數} \times \text{轉子齒數})} = \frac{360}{\text{寸動數}}$$

PS.寸動數：步進馬達每週所轉動的步數，就是相數和轉子齒數的乘積，如方程式 2所示：

方程式 2 寸動數計算公式

$$\text{寸動數(步進馬達每馬達每週所轉數)} = \text{相數} \times \text{轉子齒數}$$

步進馬達動作介紹

步進馬達是使用激磁方式推動轉子，達到轉動的目的。步進馬達的激磁方式可依定子線圈產生磁場的方向分為單極激磁和雙極激磁，本書簡單介紹單極激磁。單極激磁依各相之間激磁順序的不同，可分為一相激磁、二相激磁及一/二相激磁三種。

以四相步進馬達而言，其定子線圈共有四個相，分別為。而步進馬達的激磁方式有下列三種方式：

一、一相激磁：

每次令一個線圈通過電流。步進角等於基本步進角，消耗電力小，角精確度好，但轉矩小，振動較大。其激磁方式及時序如所示：

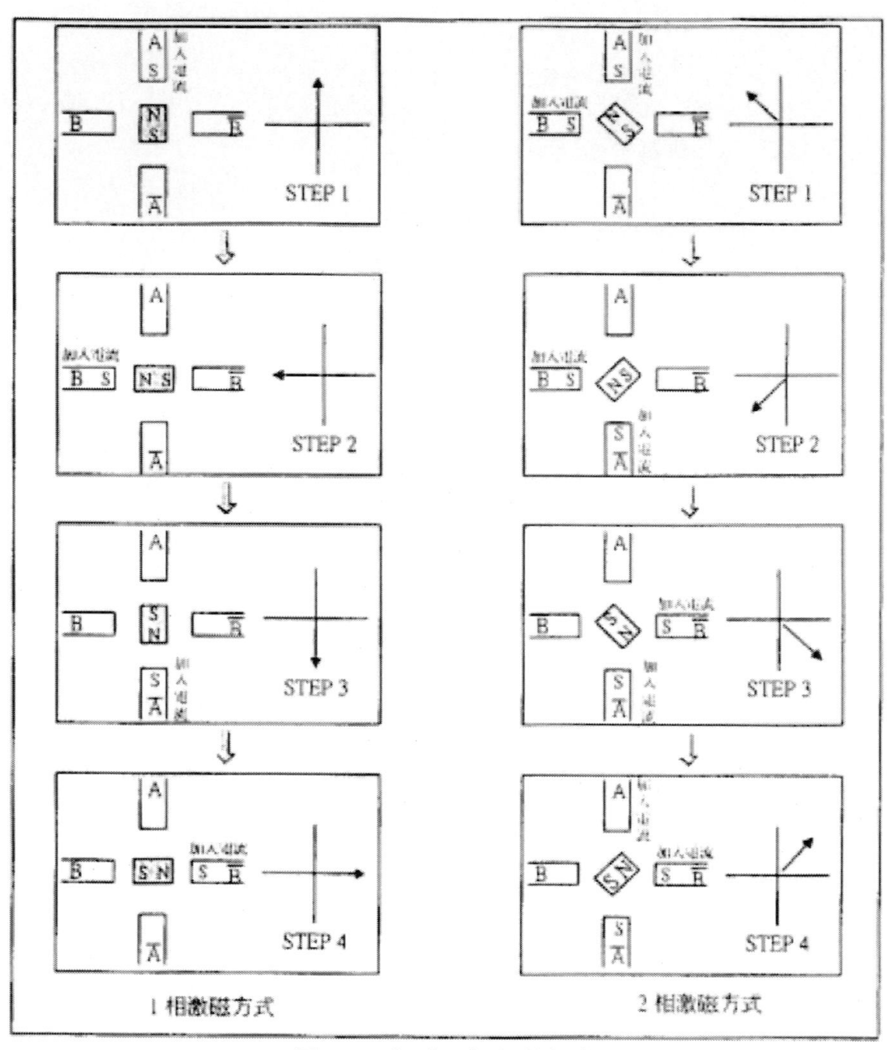

圖 23 一相／二相激磁方式

資料來源：圖 2-2(林漢濱, 2004)

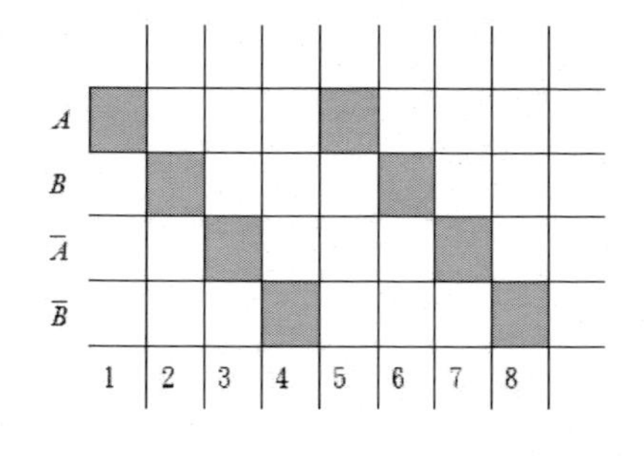

步驟	A	B	$\overline{A}$	$\overline{B}$
1	1			
2		1		
3			1	
4				1
5	1			
6		1		
7			1	
8				1

圖 24 一相激磁時序圖

資料來源：圖 2-3(林漢濱, 2004)

二、二相激磁：每次令兩個線圈通電。步進角等於基本步進角。轉矩大、振動小，是目前較受普通採用的激磁方式。其激磁方式及時序如所示

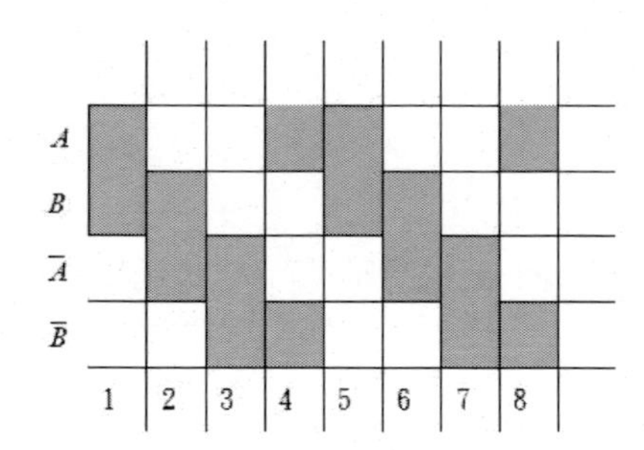

步驟	A	B	$\overline{A}$	$\overline{B}$
1	1	1		
2		1	1	
3			1	1
4	1			1
5	1	1		
6		1	1	
7			1	1
8	1			1

圖 25 二相激磁時序圖

資料來源：圖 2-4(林漢濱, 2004)

三、一/二相激磁：一/二相激磁又稱為半步激磁，採用一相及二相輪流激磁；每一步進角等於基本步進角的 1/2，因此解析度提高一倍，且運轉更為平順，和二相激磁方式同樣受到普遍採用。

其激磁方式及時序如所示。

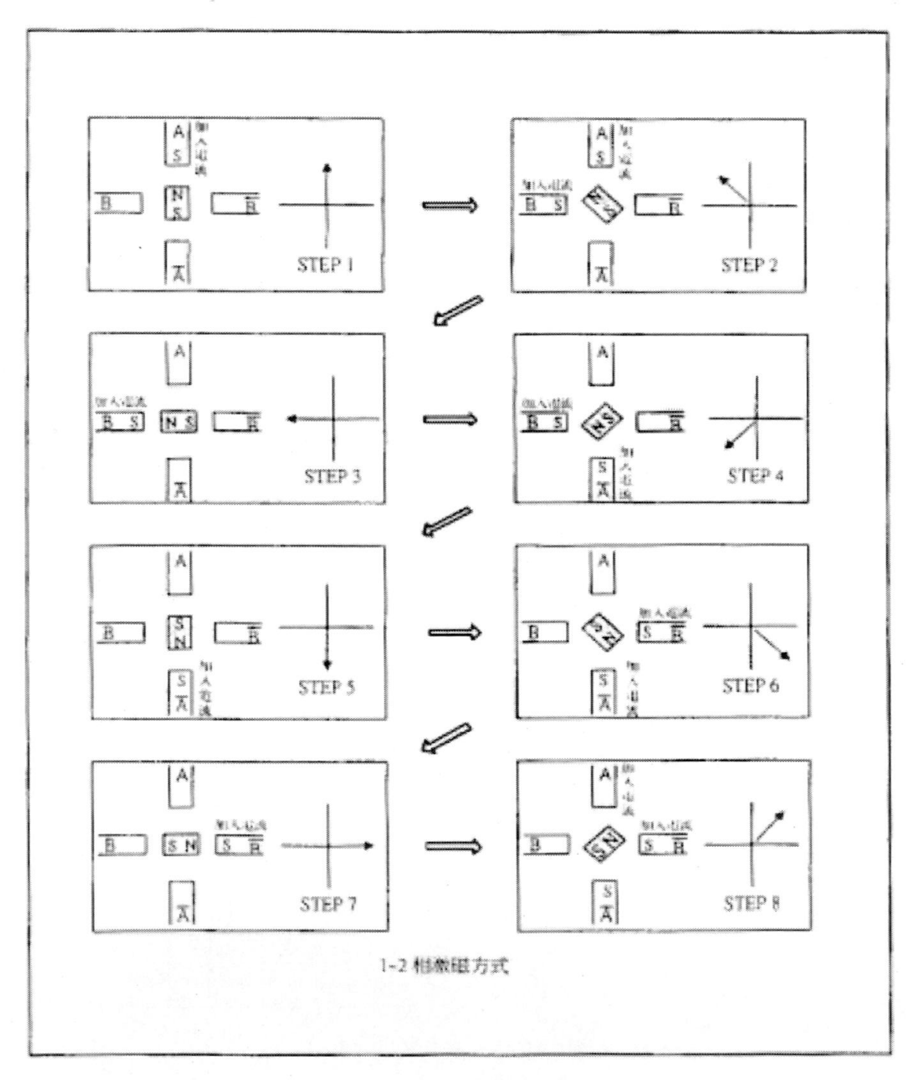

圖 26 一/二相激磁方式

資料來源：圖 2-5(林漢濱, 2004)

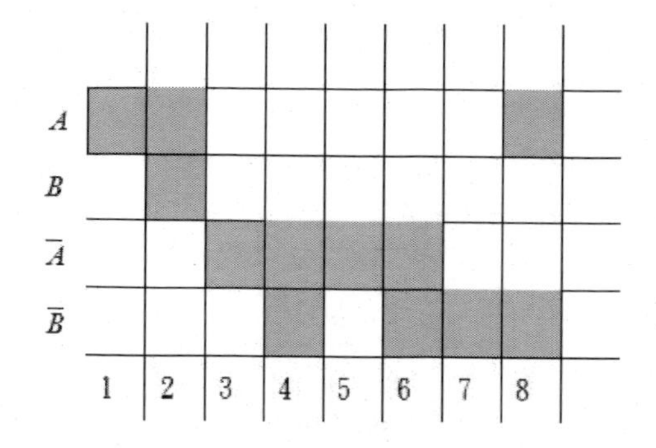

步驟	A	B	$\overline{A}$	$\overline{B}$
1	1			
2	1	1		
3		1		
4		1	1	
5			1	
6			1	1
7				1
8	1			1

圖 27 一/二相激磁時序圖

資料來源：圖 2-6(林漢濱, 2004)

簡單控制步進馬達介紹

由於直流馬達在啟動的瞬間，會有一個大電流的衝擊，很容易損壞直流馬達的電刷。因此，直接使用 Arduino 開發板的 TTL 訊號來驅動直流馬達不但無法驅動，嚴重還會直接燒毀 Arduino 開發板。所以我們需要一個大電流與大電壓的馬達驅動器來驅動馬達。

Arduino 開發板若直接控制大電流之電動機都會用到放大電路，原因是 Arduino 開發板大約只有輸出 20mA 的電流，甚至現在講求低功耗的單晶片只有 8mA 或更少，因此我們使用 ULN2003 大功率達林頓晶片驅動步進馬達驅動板(如圖 28 所示)，如圖 29 所示，ULN2003 有 7 個達靈頓電晶體的包裝陳列(Darlington Array)，有 7 個 NPN 達林頓管組成，並且加上反向器，使引腳 1~7 輸入高電壓時，引腳 16~10 變成低電位，讓外面的電流流入。有這個就方便多了，不用再自己搭達靈頓電路，而且集極/射極的電壓達 50V 很夠用。

圖 28 ULN2003 步進馬達驅動板

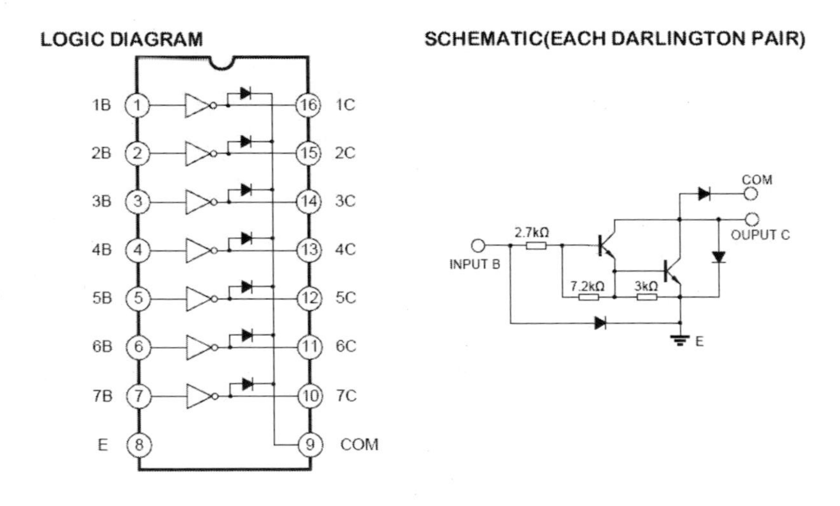

圖 29 ULN2003 Circuit Diagram

ULN2003 步進馬達驅動板

為了簡化本書實驗所用的電子線路，市面上有已經將 ULN2003 封裝成 ULN2003 步進馬達驅動板的產品，本書為了實驗所需，由圖 28 所示，我們採用

ULN2003 步進馬達驅動板模組。

我們可以參考圖 30 所示之 ULN2003 驅動步進馬達之線路圖，本實驗使用如圖 31 所示之四相五線式步進馬達(型號為 28BYJ-48 5VDC)，其規格參考表 7 與圖 32 之內容。

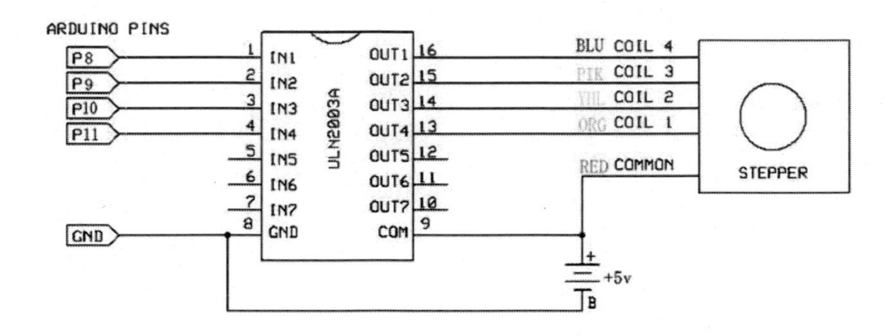

圖 30 ULN2003 電路圖

資料來源：GE Tech Wiki- Stepper Motor 5V 4-Phase 5-Wire & ULN2003 Driver Board for Arduino (http://www.geeetech.com/wiki/index.php/Stepper_Motor_5V_4-Phase_5-Wire_%26_ULN2003_Driver_Board_for_Arduino)

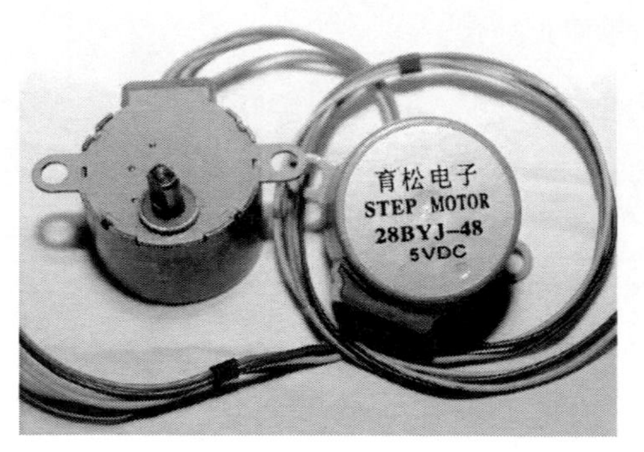

圖 31 實驗使用之步進馬達(28BYJ-48 5VDC)

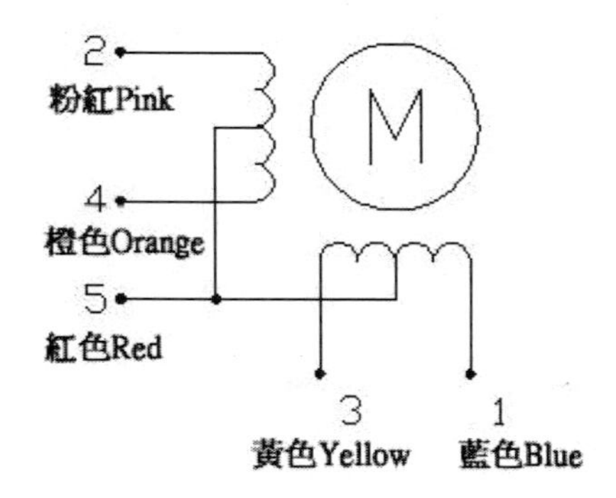

圖 32 28BYJ-48 接腳線路圖

表 7 步進馬達(28BYJ-48 5VDC)規格表

步進馬達 28BYJ-48 5VDC 規格表：
Model ： 28BYJ-48
Rated voltage ： 5VDC
Number of Phase ： 4
Speed Variation Ratio ： 1/64
Stride Angle ： 5.625° /64
Frequency : 100Hz
DC resistance ： 50Ω±7%(25℃)
Idle In-traction Frequency : > 600Hz
Idle Out-traction Frequency : > 1000Hz
In-traction Torque >34.3mN.m(120Hz)
Self-positioning Torque >34.3mN.m

Friction torque : 600-1200 gf.cm
Pull in torque : 300 gf.cm
Insulated resistance >10MΩ(500V)
Insulated electricity power ：600VAC/1mA/1s
Insulation grade ：A
Rise in Temperature <40K(120Hz)
Noise <35dB(120Hz,No load,10cm)

由於控制直流馬達，需要較大的電流，尤其在啟動的瞬間，會有一個大電流的衝擊，嚴重還會直接燒毀 Arduino 開發板。所以我們需要一個大電流與大電壓的馬達驅動器來驅動馬達，所以本實驗使用 ULN2003 步進馬達驅動板(參考圖 12)來驅動直流馬達，並參考表 5 L298N DC 馬達驅動板接腳表完成圖 33 之電路圖。

表 8　ULN2003 步進馬達驅動板接腳表

ULN2003 步進馬達驅動板	Arduino 開發板接腳	解說
＋5-12V	Arduino pin 5V	5V 陽極接點
-	Arduino pin Gnd	共地接點
In1	Arduino pin 46	控制訊號 1
In2	Arduino pin 48	控制訊號 2
In3	Arduino pin 50	控制訊號 3
In4	Arduino pin 52	控制訊號 4
Out	紅、橙、黃、粉、藍	第一顆步進馬達

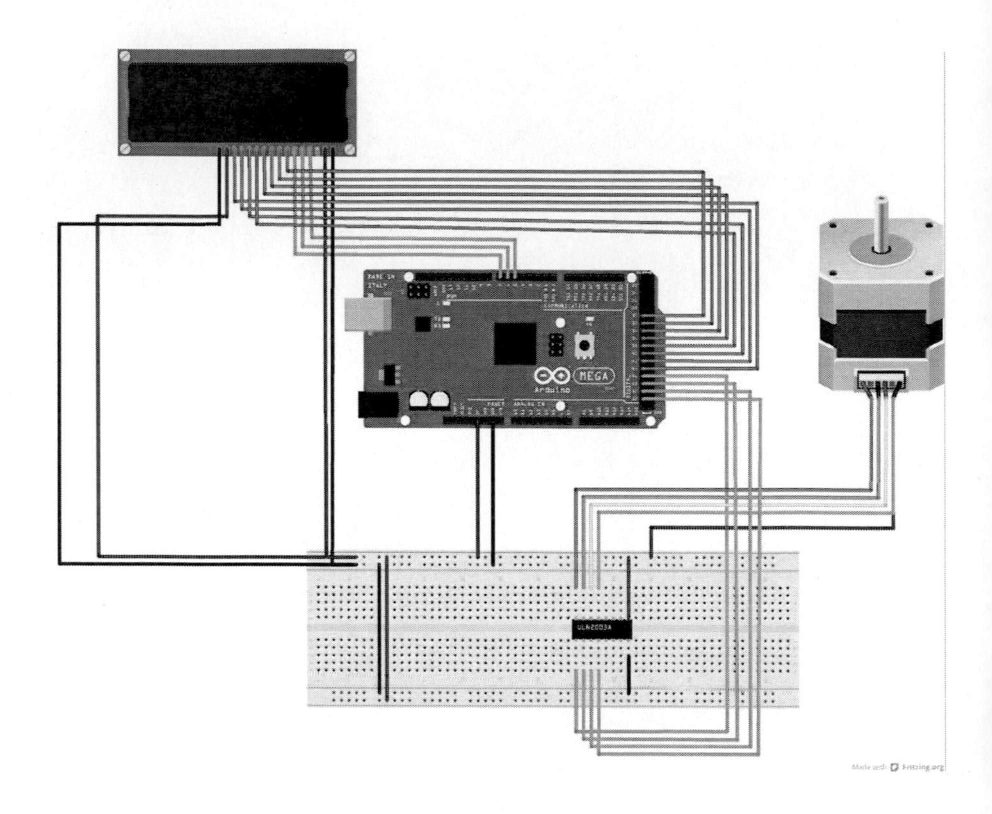

圖 33 ULN2003 步進馬達驅動板接腳圖

使用工具 by Fritzing (Fritzing.org., 2013)

使用時序圖方式驅動步進馬達

首先，我們使用圖 24 的方式，使用一相激磁時序圖來攥寫下列程式，將之上載到 Arduino 開發板之後，進行測試：

表 9 ULN2003 步進馬達測試程式一

ULN2003 步進馬達測試程式一(stepper01)

int Pin0 = 46;
int Pin1 = 48;
int Pin2 = 50;

ULN2003 步進馬達測試程式一(stepper01)

```
int Pin3 = 52;
int _step = 0;
boolean dir = true;// gre
void setup()
{
 pinMode(Pin0, OUTPUT);
 pinMode(Pin1, OUTPUT);
 pinMode(Pin2, OUTPUT);
 pinMode(Pin3, OUTPUT);
}
 void loop()
{
 switch(_step){
    case 0:
        digitalWrite(Pin0, LOW);
        digitalWrite(Pin1, LOW);
        digitalWrite(Pin2, LOW);
        digitalWrite(Pin3, HIGH);
    break;
    case 1:
        digitalWrite(Pin0, LOW);
        digitalWrite(Pin1, LOW);
        digitalWrite(Pin2, HIGH);
        digitalWrite(Pin3, HIGH);
    break;
    case 2:
        digitalWrite(Pin0, LOW);
        digitalWrite(Pin1, LOW);
        digitalWrite(Pin2, HIGH);
        digitalWrite(Pin3, LOW);
    break;
    case 3:
        digitalWrite(Pin0, LOW);
        digitalWrite(Pin1, HIGH);
        digitalWrite(Pin2, HIGH);
        digitalWrite(Pin3, LOW);
```

ULN2003 步進馬達測試程式一(stepper01)

```
  break;
  case 4:
    digitalWrite(Pin0, LOW);
    digitalWrite(Pin1, HIGH);
    digitalWrite(Pin2, LOW);
    digitalWrite(Pin3, LOW);
  break;
  case 5:
    digitalWrite(Pin0, HIGH);
    digitalWrite(Pin1, HIGH);
    digitalWrite(Pin2, LOW);
    digitalWrite(Pin3, LOW);
  break;
    case 6:
    digitalWrite(Pin0, HIGH);
    digitalWrite(Pin1, LOW);
    digitalWrite(Pin2, LOW);
    digitalWrite(Pin3, LOW);
  break;
  case 7:
    digitalWrite(Pin0, HIGH);
    digitalWrite(Pin1, LOW);
    digitalWrite(Pin2, LOW);
    digitalWrite(Pin3, HIGH);
  break;
  default:
    digitalWrite(Pin0, LOW);
    digitalWrite(Pin1, LOW);
    digitalWrite(Pin2, LOW);
    digitalWrite(Pin3, LOW);
  break;
}
if(dir){
  _step++;
}else{
  _step--;
```

ULN2003 步進馬達測試程式一(stepper01)

```
 }
 if(_step>7){
   _step=0;
 }
 if(_step<0){
   _step=7;
 }
 delay(1);
}
```

執行上述程式後，可見到圖 34 測試結果，可以完整控制步進馬達運轉，所以 Arduino 開發版與 ULN2003 步進馬達驅動板整合之後，可以輕易驅動步進馬達旋轉，並且透過 H 橋式電路，可以達到一相激磁時序圖所需的方式來控制步進馬達運轉的效果，進而驅動步進馬達正轉或逆轉。

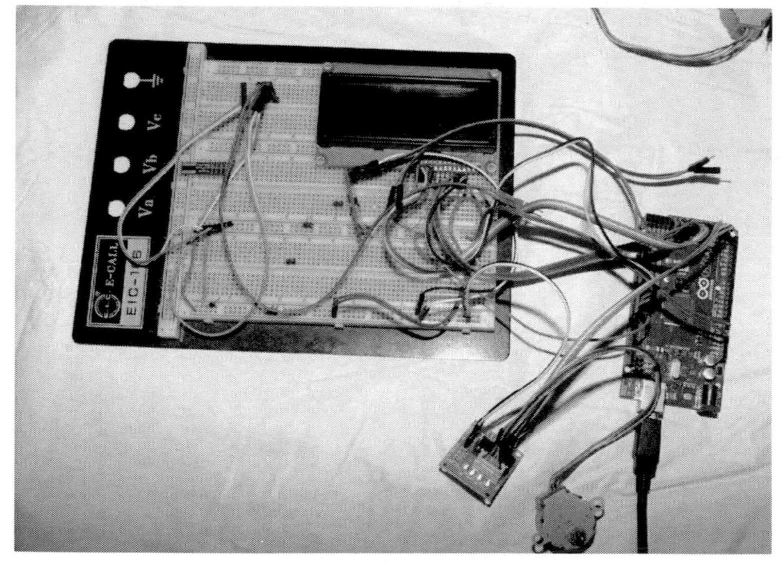

圖 34 步進馬達測試一結果畫面

由上述程式 Arduino 開發板就可以做到控制大電壓、大電流的馬達，並且可以輕易透過訊號變更，可以驅動馬達正轉、逆轉、停止等基本動作，對本實驗以達到最基本的功能。

如果們使用不同方式，如使用一相激磁、二相激磁、一/二相激磁等方法來攥寫下列程式，我們將下列程式修改，並將之上載到 Arduino 開發板之後，進行測試：

表 10 ULN2003 步進馬達測試程式二

ULN2003 步進馬達測試程式二(stepper02)

```
int Pin1 = 46;
int Pin2 = 48;
int Pin3 = 50;
int Pin4 = 52;
int _step = 0;
int motorSpeed = 2000;
boolean dir = true;// gre
void setup()
{
 pinMode(Pin1, OUTPUT);
 pinMode(Pin2, OUTPUT);
 pinMode(Pin3, OUTPUT);
 pinMode(Pin4, OUTPUT);
}
void loop() {
 clockwise();
// counterclockwise();
// clockwise();
}

// 1-2 相激磁
void counterclockwise (){
 // 1
 digitalWrite(Pin1, HIGH);
```

ULN2003 步進馬達測試程式二(stepper02)

```
digitalWrite(Pin2, LOW);
digitalWrite(Pin3, LOW);
digitalWrite(Pin4, LOW);
delayMicroseconds(motorSpeed);
// 2
digitalWrite(Pin1, HIGH);
digitalWrite(Pin2, HIGH);
digitalWrite(Pin3, LOW);
digitalWrite(Pin4, LOW);
delayMicroseconds(motorSpeed);
// 3
digitalWrite(Pin1, LOW);
digitalWrite(Pin2, HIGH);
digitalWrite(Pin3, LOW);
digitalWrite(Pin4, LOW);
delayMicroseconds(motorSpeed);
// 4
digitalWrite(Pin1, LOW);
digitalWrite(Pin2, HIGH);
digitalWrite(Pin3, HIGH);
digitalWrite(Pin4, LOW);
delayMicroseconds(motorSpeed);
// 5
digitalWrite(Pin1, LOW);
digitalWrite(Pin2, LOW);
digitalWrite(Pin3, HIGH);
digitalWrite(Pin4, LOW);
delayMicroseconds(motorSpeed);
// 6
digitalWrite(Pin1, LOW);
digitalWrite(Pin2, LOW);
digitalWrite(Pin3, HIGH);
digitalWrite(Pin4, HIGH);
delayMicroseconds(motorSpeed);
// 7
digitalWrite(Pin1, LOW);
```

ULN2003 步進馬達測試程式二(stepper02)

```
 digitalWrite(Pin2, LOW);
 digitalWrite(Pin3, LOW);
 digitalWrite(Pin4, HIGH);
 delayMicroseconds(motorSpeed);
 // 8
 digitalWrite(Pin1, HIGH);
 digitalWrite(Pin2, LOW);
 digitalWrite(Pin3, LOW);
 digitalWrite(Pin4, HIGH);
 delayMicroseconds(motorSpeed);
}

// 1-2 相激磁
void clockwise(){
 // 1
 digitalWrite(Pin4, HIGH);
 digitalWrite(Pin3, LOW);
 digitalWrite(Pin2, LOW);
 digitalWrite(Pin1, LOW);
 delayMicroseconds(motorSpeed);
 // 2
 digitalWrite(Pin4, HIGH);
 digitalWrite(Pin3, HIGH);
 digitalWrite(Pin2, LOW);
 digitalWrite(Pin1, LOW);
 delayMicroseconds(motorSpeed);
 // 3
 digitalWrite(Pin4, LOW);
 digitalWrite(Pin3, HIGH);
 digitalWrite(Pin2, LOW);
 digitalWrite(Pin1, LOW);
 delayMicroseconds(motorSpeed);
 // 4
 digitalWrite(Pin4, LOW);
 digitalWrite(Pin3, HIGH);
 digitalWrite(Pin2, HIGH);
```

ULN2003 步進馬達測試程式二(stepper02)

```
  digitalWrite(Pin1, LOW);
  delayMicroseconds(motorSpeed);
  // 5
  digitalWrite(Pin4, LOW);
  digitalWrite(Pin3, LOW);
  digitalWrite(Pin2, HIGH);
  digitalWrite(Pin1, LOW);
  delayMicroseconds(motorSpeed);
  // 6
  digitalWrite(Pin4, LOW);
  digitalWrite(Pin3, LOW);
  digitalWrite(Pin2, HIGH);
  digitalWrite(Pin1, HIGH);
  delayMicroseconds(motorSpeed);
  // 7
  digitalWrite(Pin4, LOW);
  digitalWrite(Pin3, LOW);
  digitalWrite(Pin2, LOW);
  digitalWrite(Pin1, HIGH);
  delayMicroseconds(motorSpeed);
  // 8
  digitalWrite(Pin4, HIGH);
  digitalWrite(Pin3, LOW);
  digitalWrite(Pin2, LOW);
  digitalWrite(Pin1, HIGH);
  delayMicroseconds(motorSpeed);
}

// 2 相激磁
void clockwise2() {
  // 1
  digitalWrite(Pin4, HIGH);
  digitalWrite(Pin3, HIGH);
  digitalWrite(Pin2, LOW);
  digitalWrite(Pin1, LOW);
  delayMicroseconds(motorSpeed);
```

ULN2003 步進馬達測試程式二(stepper02)

```
  //2
  digitalWrite(Pin4, LOW);
  digitalWrite(Pin3, HIGH);
  digitalWrite(Pin2, HIGH);
  digitalWrite(Pin1, LOW);
  delayMicroseconds(motorSpeed);

//3
  digitalWrite(Pin4, LOW);
  digitalWrite(Pin3, LOW);
  digitalWrite(Pin2, HIGH);
  digitalWrite(Pin1, HIGH);
  delayMicroseconds(motorSpeed);

//4
  digitalWrite(Pin4, HIGH);
  digitalWrite(Pin3, LOW);
  digitalWrite(Pin2, LOW);
  digitalWrite(Pin1, HIGH);
  delayMicroseconds(motorSpeed);
}

// 1 相激磁
void clockwise3() {
  //1
  digitalWrite(Pin4, HIGH);
  digitalWrite(Pin3, LOW);
  digitalWrite(Pin2, LOW);
  digitalWrite(Pin1, LOW);
  delayMicroseconds(motorSpeed);

  //2
  digitalWrite(Pin4, LOW);
  digitalWrite(Pin3, HIGH);
  digitalWrite(Pin2, LOW);
```

ULN2003 步進馬達測試程式二(stepper02)

```
 digitalWrite(Pin1, LOW);
 delayMicroseconds(motorSpeed);

// 3
 digitalWrite(Pin4, LOW);
 digitalWrite(Pin3, LOW);
 digitalWrite(Pin2, HIGH);
 digitalWrite(Pin1, LOW);
 delayMicroseconds(motorSpeed);

// 4
 digitalWrite(Pin4, LOW);
 digitalWrite(Pin3, LOW);
 digitalWrite(Pin2, LOW);
 digitalWrite(Pin1, HIGH);
 delayMicroseconds(motorSpeed);
}
```

使用 Stepper 函式庫驅動步進馬達

此外，如果我們採用不同的步進馬達規格，其推動步進馬達的方法又不一樣，所以我們參考圖 35 所示，加入可變電阻的輸入端，來控制步進馬達的行進，並且使用 Arduino 官方網站的 Stepper 函式庫來驅動步馬達，會更加容易驅動步進馬達。

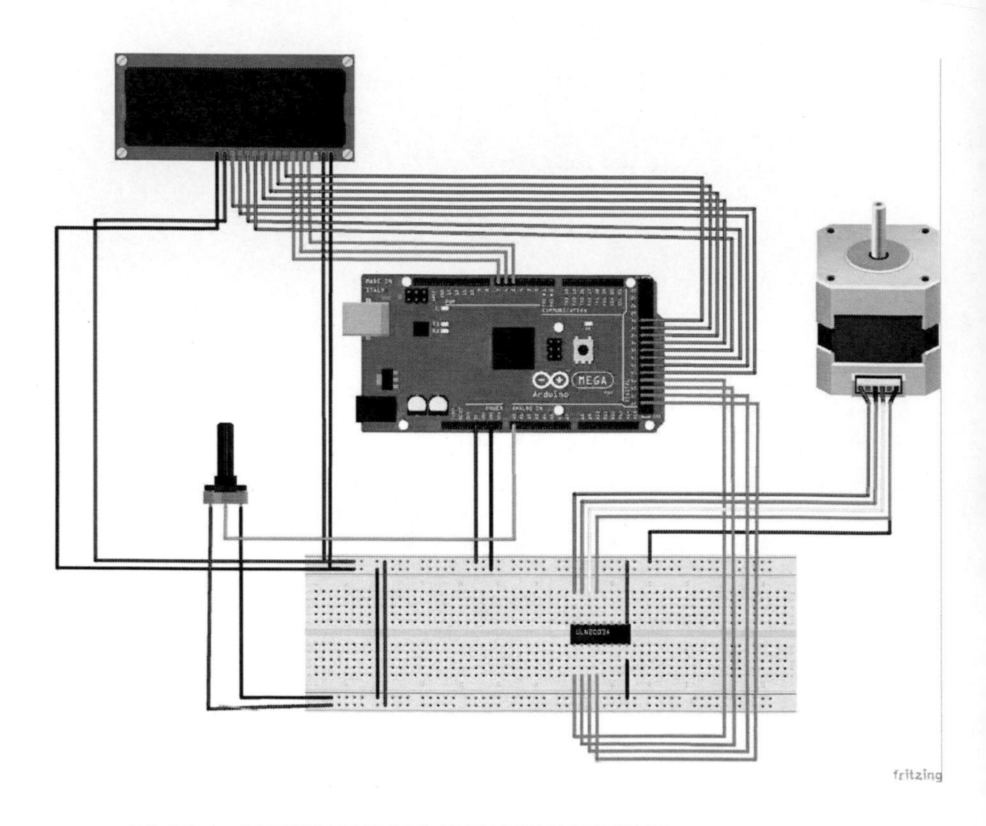

圖 35 加入可變電組控制步進馬達驅動板接腳圖

使用工具 by Fritzing (Fritzing.org., 2013)

所以我們改寫下列程式，將之上載到 Arduino 開發板之後，進行測試：

表 11 ULN2003 步進馬達測試程式三

ULN2003 步進馬達測試程式三(stepper03)
/* * MotorKnob * * A stepper motor follows the turns of a potentiometer * (or other sensor) on analog input 0. * * http://www.arduino.cc/en/Reference/Stepper * This example code is in the public domain. */

ULN2003 步進馬達測試程式三(stepper03)

```
#include <Stepper.h>

// change this to the number of steps on your motor
#define STEPS 100

// create an instance of the stepper class, specifying
// the number of steps of the motor and the pins it's
// attached to
int Pin0 = 46;
int Pin1 = 48;
int Pin2 = 50;
int Pin3 = 52;

 Stepper stepper(STEPS, Pin0, Pin1, Pin2, Pin3);

// the previous reading from the analog input
int previous = 0;

void setup()
{
    // set the speed of the motor to 30 RPMs
    stepper.setSpeed(100);
    Serial.begin(9600);

}

void loop()
{
    // get the sensor value
    int val = analogRead(0);
     Serial.println(val) ;
    // move a number of steps equal to the change in the
    // sensor reading

     stepper.step(val - previous);
```

ULN2003 步進馬達測試程式三(stepper03)

```
  // remember the previous value of the sensor
  previous = val;
  //delay(2000);
}
```

執行上述程式後，可見到圖 36 測試結果，可以使用更簡單的方式，來控制步進馬達運轉，只要在程式一開始，使用不同的參數來宣告步進馬達的物件，對更複雜的程式會更加簡單攥寫程式，更加容易控制步進馬達運轉，進而驅動步進馬達正轉、逆轉、速度、步數等。

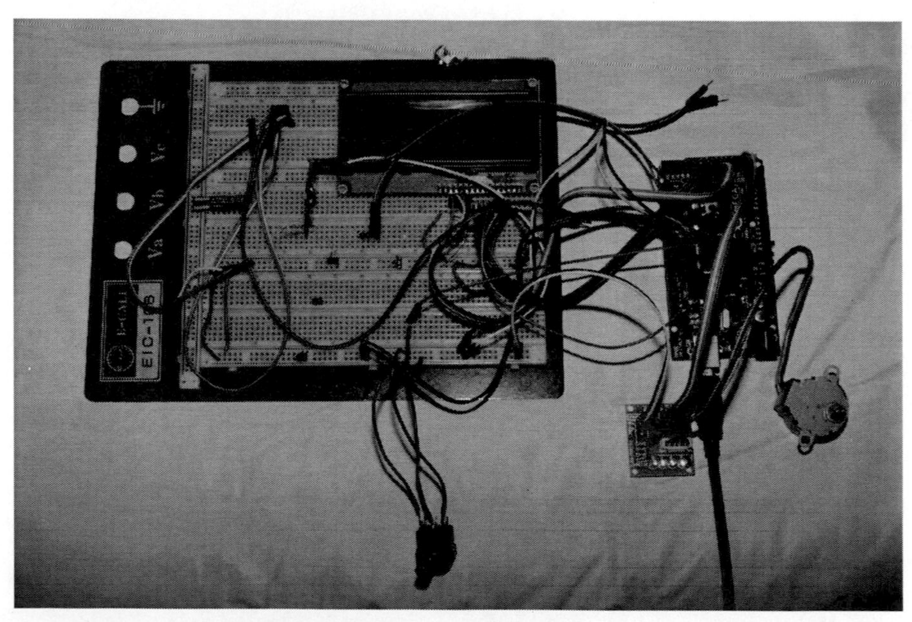

圖 36 步進馬達測試二結果畫面

Stepper 函式

本實驗會用到 Stepper Library，本書簡單介紹相關函式的簡單用法：

Stepper(int steps, pin1, pin2)

Stepper(int steps, pin1, pin2, pin3, pin4)

建立一個步進馬達的物件：其中 step 是指轉一圈所需的步數，假使馬達定義每步的角度，用 360 去除，就會得到步數。例如：Stepper myStepper = Stepper(100, 5, 6, 7, 8);　表示每一步為 3.6 度，轉一圈總共 100 步。

Stepper: setSpeed(long rpms)

設定步進馬達每分鐘轉速 (RPMs) ：需為正數：這個函式並不會讓馬達轉動，只是設定好轉速，當呼叫 Step()函式時才會開始轉動。

Stepper: step(int steps)

啟動馬達行進 steps 步數：setSpeed()定義速度，正的表示一個方向， 負數表示反方向。

章節小結

本章節內容主要是教導讀者如何控制步進馬達運轉，希望讀者能夠反覆閱讀本章之後，直到了解後才繼續往下實作，繼續進行我們的實驗。

4
CHAPTER

極限偵測

我們為了將實驗完成，但是我們發現馬達行進時，若是無止進的行進或後退，會發現馬達超過邊界，甚至撞機。所以為了預防這樣的問題，我們引入了極限開關(Limit Switch)來偵測邊界碰撞問題，在本章將會學到如何透過極限開關(Limit Switch)來偵測邊界碰撞的需求。

極限開關

極限開關又稱為限制開關(小型極限開關又稱為微動開關(Micro Switch))，係應用機械式原理，改變開關接點狀態，一般應用在自動門、升降機及輸送帶等場所。如圖 37 所示，許觸發開關的地方，為了偵測與觸發的要素，增加了許多不同的機構來增加敏感度。

圖 37 極限開關

為了能夠將極限開關(Limit Switch)整合到實驗中，我們參考表 12 之電路接腳，設計了如圖 38 之極限開關實驗一，並攥寫測試程式來測試 Arduino 開發板來偵測極限開關(Limit Switch)觸發情形。若有興趣的讀者，可以依本章內容實驗，或參考附錄資料自行設計或依實際情形修改對應的線路圖。

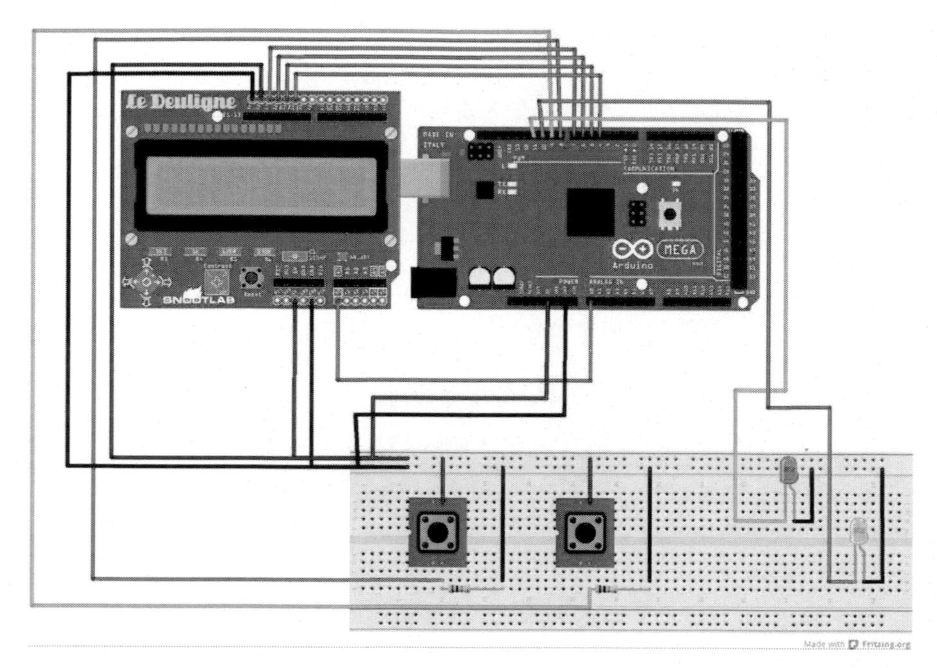

圖 38 極限開關實驗一線路接線圖

使用工具 by Fritzing (Fritzing.org., 2013)

表 12 極限開關模組接腳表

極限開關接腳	Arduino 開發板接腳	解說
LED(左邊)	Arduino digital output pin 8	極限開關指示燈
LED(右邊)	Arduino digital output pin 9	
極限開關(左邊)	Arduino digital output pin 10	極限開關
極限開關(右邊)	Arduino digital output pin 11	
5V	Arduino pin 5V	5V 陽極接點
GND	Arduino pin Gnd	共地接點

將 Arduino 開發板與極限開關模組，參考表 12 之接腳圖，完成如圖 38 之極限開關實驗一之硬體線路之後，我們將下列的測試程式，撰寫在 Arduino sketch 上，並進行編譯與上傳到 Arduino 開發板，進行極限開關實驗一的實驗。

極限開關實驗一測試程式(checkhit01)

```
#define leftLedpin 8
#define rightLedpin 9
#define leftSwitchpin 10
#define rightSwitchpin 11
int Motor1direct = 1 ;
void initall()
{
 // init motor direction Led output
    pinMode(leftLedpin,OUTPUT);
    pinMode(rightLedpin,OUTPUT);
 // init motor direction Led output
    pinMode(leftSwitchpin,INPUT);
    pinMode(rightSwitchpin,INPUT);
//-----------
    digitalWrite(leftLedpin,LOW );
    digitalWrite(rightLedpin,LOW );

}
 void setup()
 {
  initall();
    //init serial for debug
Serial.begin(9600);
Serial.println("program start here ");
 }

 void loop()
 {
    if (checkLeft())
      {
        Serial.println("Hit left ");
      }
    if (checkRight())
      {
        Serial.println("Hit Right ");
      }
```

極限開關實驗一測試程式(checkhit01)

```
 delay(200);
 }

boolean checkLeft()
{
   boolean tmp = false ;
   if (digitalRead(leftSwitchpin) == HIGH)
   {
        digitalWrite(leftLedpin,HIGH );
        tmp = true    ;
   }
   else
   {
        digitalWrite(leftLedpin,LOW );
        tmp = false    ;
   }
   return (tmp) ;
}
boolean checkRight()
{
   boolean tmp = false ;
   if (digitalRead(rightSwitchpin) == HIGH)
   {
        digitalWrite(rightLedpin,HIGH );
        tmp = true    ;
   }
   else
   {
        digitalWrite(rightLedpin,LOW );
        tmp = false    ;
   }
   return (tmp) ;
}
```

由圖 39 所示，可以看到 Arduino 開發板透過極限開關模組，只要碰觸左右邊界的極限開關，就可以看到紅色 led 燈(左邊)，與綠色 led 燈(右邊)，在碰觸左右邊界的極限開關時，對應的 Led 等就會亮起來，並且在 Arduino 開發環境中，監控畫面會列印出"hit left"或"hit Right"的字句。

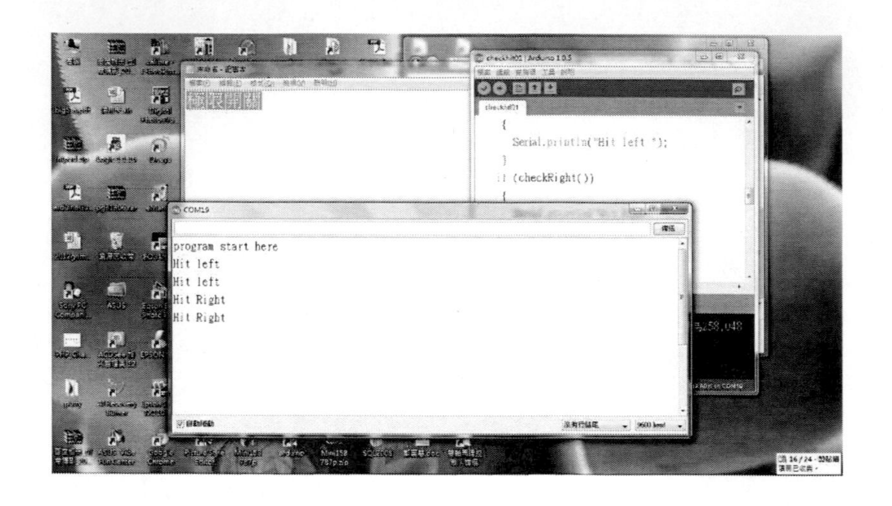

圖 39 極限開關實驗一展示圖

加入極限開關偵測之馬達行進控制

我們了解到了極限開關(Limit Switch)的基本電路後，我們要介紹如何將它應用到馬達的控制之中。首先我們使用 L298N 馬達驅動模組來驅動馬達，讀者對於這部分不了解的地方，請參閱『Arduino 雙軸直流馬達控制: Two Axis DC-Motors Control Based on the Printer by Arduino Technology』該書(曹永忠, 許智誠, & 蔡英德, 2013)：『馬達』一章中，L298N DC 馬達驅動板部分的內容。

首先，先參考表 13 的接腳表，將圖 40 的線路組裝出來，主要就是在馬達一行進之中，若往前(代表向右)，碰到右極限開關後，怎馬達改變方向，往後退。再往後退時(代表向左)，碰到左極限開關後，怎馬達改變方向，往前進。

表 13 極限開關模組整合 L298N 與 Arduoino 開發板接腳表

極限開關接腳	Arduino 開發板接腳	解說
LED(左邊)	Arduino digital output pin 8	極限開關指示燈
LED(右邊)	Arduino digital output pin 9	
極限開關(左邊)	Arduino digital output pin 10	極限開關
極限開關(右邊)	Arduino digital output pin 11	
5V	Arduino pin 5V	5V 陽極接點
GND	Arduino pin Gnd	共地接點
L298N 馬達驅動板	Arduino 開發板接腳	解說
+%V	Arduino pin 5V	5V 陽極接點
GND	Arduino pin Gnd	共地接點
In1	Arduino pin 7	控制訊號 1
In2	Arduino pin 6	控制訊號 2
In3	Arduino pin 5	控制訊號 3
In4	Arduino pin 4	控制訊號 4
Out1	第一顆馬達　正極輸入	第一顆馬達
Out2	第一顆馬達　負極輸入	
Out3	第二顆馬達　正極輸入	第二顆馬達
Out4	第二顆馬達　負極輸入	

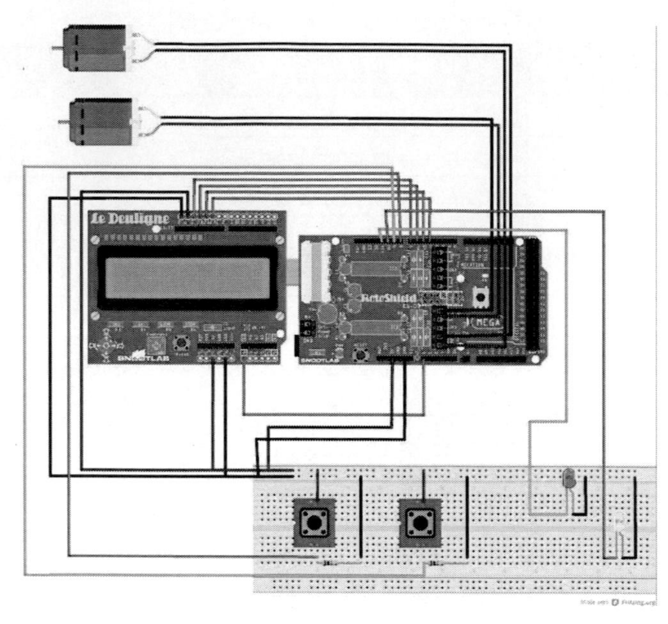

圖 40 整合極限開關偵測之馬達控制實驗線路板

使用工具 by Fritzing (Fritzing.org., 2013)

我們依據上面的線路與需求，攥寫下列程式，並上載到 Arduino 開發版的 Sketch 之中，編譯完成後，燒入 Arduino 開發版進行測試。

極限開關實驗二測試程式(checkhit02)

```
#define motor1a 7
#define motor1b 6
#define motor2a 5
#define motor2b 4
#define leftLedpin 8
#define rightLedpin 9
#define leftSwitchpin 10
#define rightSwitchpin 11
int Motor1direction = 1 ;
void initall()
{
  // init motor pin as output
     pinMode(motor1a,OUTPUT);
```

極限開關實驗二測試程式(checkhit02)

```
    pinMode(motor1b,OUTPUT);
    pinMode(motor2a,OUTPUT);
    pinMode(motor2b,OUTPUT);
  // init motor direction Led output
    pinMode(leftLedpin,OUTPUT);
    pinMode(rightLedpin,OUTPUT);
  // init motor direction Led output
    pinMode(leftSwitchpin,INPUT);
    pinMode(rightSwitchpin,INPUT);
//-----------
    digitalWrite(leftLedpin,LOW );
    digitalWrite(rightLedpin,LOW );

}
 void setup()
 {
  initall();
    //init serial for debug
Serial.begin(9600);
Serial.println("program start here ");
 }

 void loop()
 {
  // Serial.println("Motor1 Forward ");
    if (checkLeft())
      {
        if (Motor1direction == 2)
        {
                Serial.println("Hit left ");
                Motor1direction = 1;
        }
      }
    if (checkRight())
      {
        if (Motor1direction == 1)
```

極限開關實驗二測試程式(checkhit02)

```
        {
              Serial.println("Hit Right ");
              Motor1direction = 2;
        }
    }

    if (Motor1direction == 1)
    {
        Motor1Forward();
    }
    else
    {
        Motor1Backward();
    }

  delay(100);
 }

 void Motor1Forward()
 {
    digitalWrite(motor1a,HIGH);
    digitalWrite(motor1b,LOW);
 }
 void Motor1Backward()
 {
    digitalWrite(motor1a,LOW );
    digitalWrite(motor1b,HIGH);
 }
boolean checkLeft()
{
   boolean tmp = false ;
   if (digitalRead(leftSwitchpin) == HIGH)
   {
        digitalWrite(leftLedpin,HIGH );
        tmp = true    ;
   }
```

極限開關實驗二測試程式(checkhit02)

```
  else
  {
      digitalWrite(leftLedpin,LOW );
      tmp = false   ;
  }
  return (tmp) ;
}
boolean checkRight()
{
  boolean tmp = false ;
  if (digitalRead(rightSwitchpin) == HIGH)
  {
      digitalWrite(rightLedpin,HIGH );
      tmp = true   ;
  }
  else
  {
      digitalWrite(rightLedpin,LOW );
      tmp = false   ;
  }
  return (tmp) ;
}
```

我們可以見到圖 41 所示，可以行進之後，碰觸右極限開關與左極限開關後可以改變行進方向與顯示訊息在監控畫面之上。

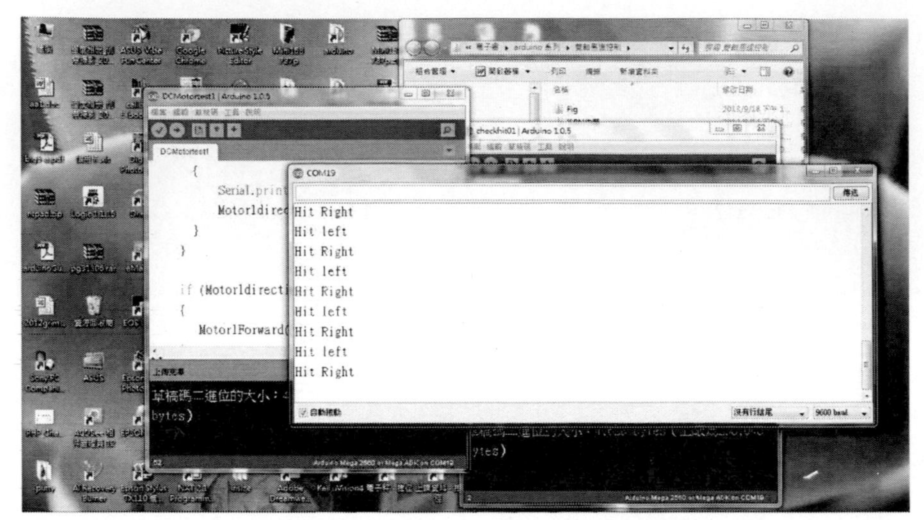

圖 41 極限開關實驗二測試程式實驗狀況

最後我們發現一切都按照我們設計的程式流程運行，這個階段的實驗便告一個段落。

章節小結

本章節整合馬達控制，透過極限開關的機構，在馬達行進時，發現馬達超過邊界，甚至在撞機前。碰觸極限開關(Limit Switch)後產生 On/Off 的訊號，通知 Arduino 開發板了解到已到達邊界，可能需要改變方向或變更動作。

所以本章對於極限開關(Limit Switch)來偵測邊界碰撞問題，我們學到如何透過極限開關(Limit Switch)來偵測邊界碰撞的需求，相信讀者參閱本章節之後，應該對於『極限開關(Limit Switch)』的應用，有相當的了解，這個階段的實驗便告一個段落。

5
CHAPTER

光遮斷器

我們為了將實驗完成，但是我們發現進紙馬達行進時，無法知道何時進紙完成，進紙馬達若是無止進的行進，也無法知道何時進紙完成，可以開始列印(就是噴墨頭驅動馬達可以開始動)。而在紙張進紙後，噴墨頭開始左右行進，直到紙張到底後，必須停止列印(就是噴墨頭驅動馬達必須關閉)。

為了能夠偵測進紙，必須能夠感測進紙，本實驗使用光遮斷器(Photointerrupter)來感測進紙橫桿是否被進紙動作所驅動(如圖 42 所示)，進而遮避掉光遮斷器(Photointerrupter)。

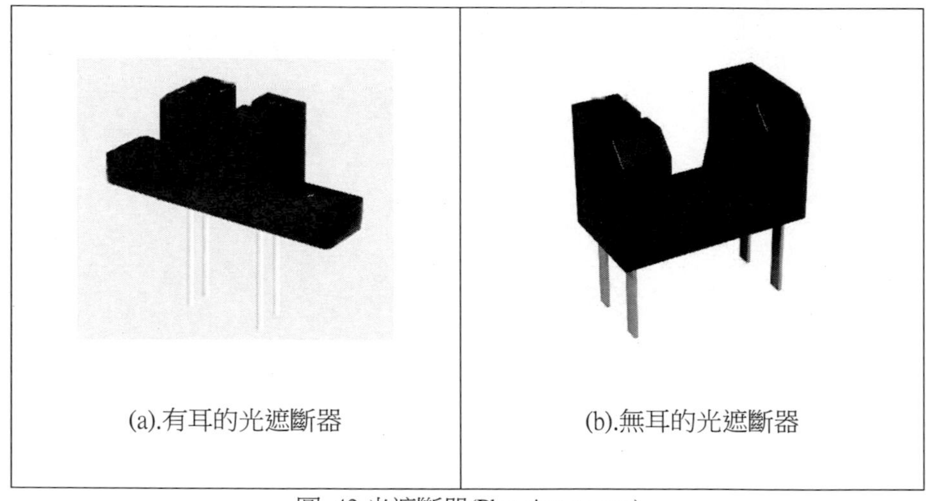

(a).有耳的光遮斷器　　(b).無耳的光遮斷器

圖 42 光遮斷器(Photointerrupter)

光遮斷器(Photointerrupter)

光遮斷器(Photointerrupter)特性

光遮斷器(Photointerrupter)通常是用來判斷是否有物體通過的裝置，光遮斷器(Photointerrupter)的組成要件是發光二極體和光電晶體，將兩者相對分立包裝在同一基座上，如發光與受光元件分別為不同裝置時，放於不同地點時，受光於發光方向可容易感應發光存在，此時可視為通路(Normal Close：NC)。

光遮斷器(Photointerrupter[15])的原理，一般而言，光遮斷器有兩端，如圖 43 所示，一端(左端)為紅外線發射端，一端為接收端(右端)。發射及接收會使接收端的電晶體 Collector 與 Emitter 導通(參考圖 44)。發光二極體發射紅外線光使 NPN 電晶體導通時，則 Collector(C)與 Emitter(E)導通，可以透過 I/O 訊號讀入為高電位(TTL High) ，若中間有遮蔽物擋住，則 Collector(C)與 Emitter(E)不導通，可以透過 I/O 訊號讀入為低電位(TTL Low) ，如此一來就可以了解到光遮斷器(Photointerrupter) 是否被遮蔽。

---

[15] A photo interrupter is an opto-electronic sub-system composed of an optical emitter and a detector with amplifier, typically with only logic level electrical output. The emitter uses simple beam forming optics to project light onto the detector, both elements being mechanically positioned with a fixed gap between them. The detector then can be used to sense if the free path between the emitter and the detector is blocked. When the beam path is blocked by an opaque object the logic output state switches, thus providing a non-contact presence sensor for automation. Transition edges can be used to trigger a signal to notify the receivers when some one passes the path.

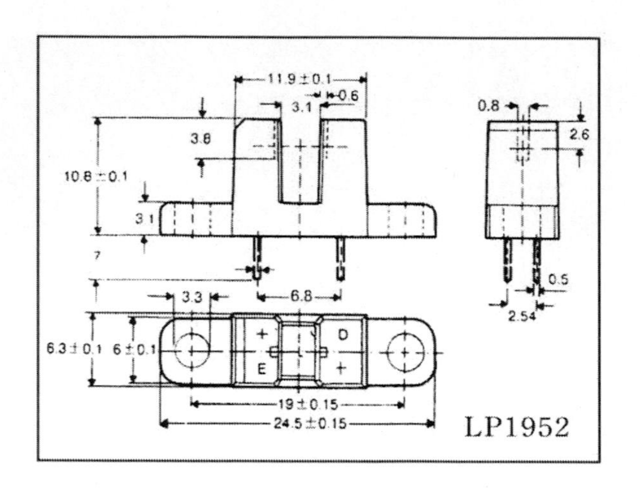

圖 43 光遮斷器三視圖

資料來源：("PHOTO INTERRUPTER," 2013)

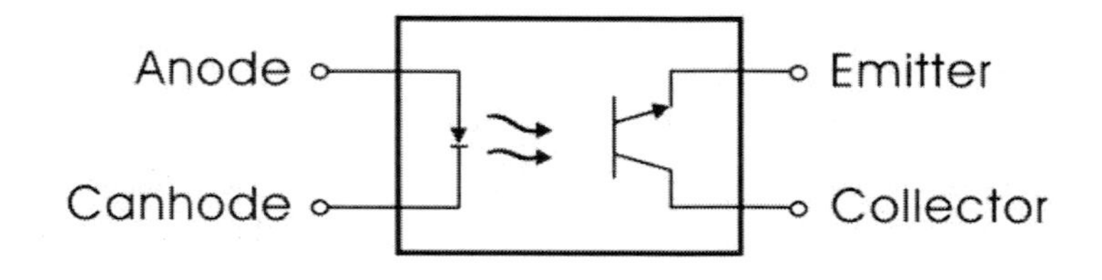

圖 44 光遮斷器(Photointerrupter)一般接腳圖

資料來源：("PHOTO INTERRUPTER," 2013)

光遮斷器(Photointerrupter)使用方法

第一步實驗為了能夠使用光遮斷器(Photointerrupter)，我們參考表 14 之電路接腳，設計了如圖 45 之光遮斷器(Photointerrupter)實驗一，並攥寫測試程式來測試 Arduino 開發板來偵測光遮斷器(Photointerrupter)觸發情形。若有興趣的讀者，可以依本章內容實驗，或參考附錄資料自行設計或依實際情形修改對應的線路圖。

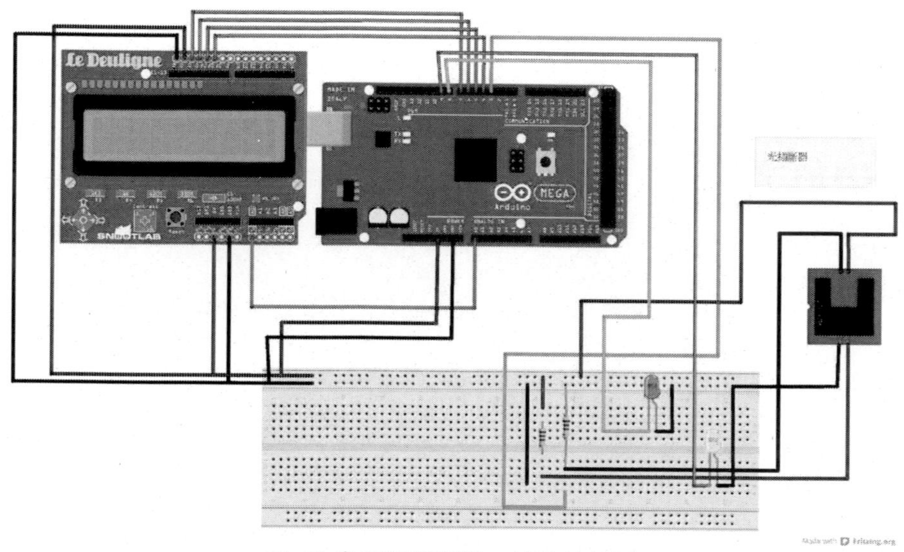

圖 45 光遮斷器實驗一線路接線圖

使用工具 by Fritzing (Fritzing.org., 2013)

表 14 光遮斷器模組接腳表

光遮斷器	**Arduino 開發板接腳**	**解說**
Anode	連接 500 歐姆電阻後連+5V	光遮斷器
Canhode	Arduino pin Gnd	
Emitter	Arduino pin Gnd	
Collector	連接 5K 歐姆電阻後連+5V	
Emitter	Arduino digital output pin 3	光遮斷器訊號輸出
LED 燈	Arduino 開發板接腳	解說
GND	所有 LED 燈接第	共地接點
綠色 LED	Arduino digital output pin 8	綠色 LED +5V
紅色 LED	Arduino digital output pin 9	紅色 LED +5V

將 Arduino 開發板與光遮斷器(Photointerrupter)，完成如圖 45 之光遮斷器(Photointerrupter)實驗一之硬體線路之後，我們將下列的測試程式，撰寫在 Arduino sketch 上，並進行編譯與上傳到 Arduino 開發板，進行光遮斷器實驗一的實驗。

光遮斷器實驗一測試程式(photointr01)

```
#define GreenLedpin 8
#define RedLedpin 9
#define Sensorpin 3
void initall()
{
  // init Sensorpin    as output    and input
     pinMode(GreenLedpin,OUTPUT);
     pinMode(RedLedpin,OUTPUT);
     pinMode(Sensorpin,INPUT);
//-----------
     digitalWrite(GreenLedpin,LOW );
     digitalWrite(RedLedpin,LOW );

}
  void setup()
  {
   initall();
     //init serial for debug
Serial.begin(9600);
Serial.println("program start here ");
  }

  void loop()
  {

     if (checkSensor())
       {
              Serial.println("Photointerrupter interrupted");
       }
```

光遮斷器實驗一測試程式(photointr01)

```
    else
      {
            Serial.println("Photointerrupter not interrupted");
      }

  delay(500);
 }

boolean checkSensor()
{
  boolean tmp = false ;
  if (digitalRead(Sensorpin) == HIGH)
  {
      digitalWrite(GreenLedpin,HIGH );
      digitalWrite(RedLedpin,LOW );
      tmp = false    ;
  }
  else
  {
      digitalWrite(GreenLedpin,LOW );
      digitalWrite(RedLedpin,HIGH );
      tmp = true    ;
  }
  return (tmp) ;
}
```

由圖 46 所示，可以看到 Arduino 開發板透過光遮斷器(Photointerrupter)模組，只要有任何不透光的物品通過光遮斷器(Photointerrupter)中間的通道，就可以看到紅色 led 燈亮起，若光遮斷器(Photointerrupter)中間的通道沒有東西通過時，則綠色 led 燈亮起，並且在 Arduino 開發環境中，監控畫面會列印出""Photointerrupter interrupted""或"Photointerrupter not interrupted"的字句。

圖 46 光遮斷器實驗一展示圖

章節小結

本章節整合馬達控制，通常馬達驅動時，其機構常會帶動某些物品行進或移動，如何確定這些物品是否真的如設計的再行進，我們常常使用光遮斷器(Photointerrupter)來偵測這些物品是否真的如設計的再行進，若物品有行進時，必定會產生阻礙光遮斷器(Photointerrupter)的紅外線接收器接收紅外線發射器的光線，如此一來，在光遮斷器(Photointerrupter)中間的通道沒有阻斷時，送出 HIGH 的訊號，另外，在光遮斷器(Photointerrupter)中間的通道阻斷時，送出 LOW 的訊號，如此一來，便可以有效偵測實體物體行進。

所以本章對於光遮斷器(Photointerrupter)來偵測物體移動行進的問題，我們學到如何透過光遮斷器(Photointerrupter)來偵測物體真實行進或移動的需求，相信讀者參閱本章節之後， 應該對於『光遮斷器(Photointerrupter)』的應用，有相當的了解，這個階段的實驗便告一個段落。

CHAPTER

Playstation 搖桿連接

本書實驗為了讓讀者更加了解如何連結 PS2 週邊，採用 Sony Entertainment Play Station® 控制器為基礎連接的 PS2 週邊，但是為了達到連接 Play Station® 的 PS2 週邊，我們必須先了解如何連結 Sony Entertainment Play Station® 控制器，所以本章介紹 Sony Entertainment Play Station® 控制器的與 Arduino 開發板連接與控制方法。

Play Station® 歷史沿革

PlayStation（簡稱為 PS），是日本索尼(SCEI)旗下的索尼電腦娛樂於 1994 年 12 月 3 日推出的家用遊戲主機。當時與 PlayStation 競爭的還有世嘉[16]公司的土星[17]和任天堂[18]公司的 Nintendo 64 等。透過爭取第三方遊戲廠商的策略，最後

---

[16] 世嘉公司（株式会社セガ，英文：SEGA Corporation）簡稱世嘉，是日本一家電子遊戲公司，曾經同時生產家用遊戲機硬體及其對應遊戲軟體、業務用遊戲機硬體及其對應遊戲軟體以及電腦遊戲軟體。曾經與任天堂、索尼及微軟並列「四大家用遊戲機」製造商，但是由於在遊戲機市場的連續敗績，於 2001 年起結束家用遊戲機硬體的生產業務，轉型為單純的遊戲軟體生產商（第三方，實際上仍然致力於研發大型街機相關軟硬體）。世嘉公司現在是世嘉颯美（英文：SEGA Sammy Holdings）集團下的子公司。(參考資料：http://zh.wikipedia.org/wiki/%E4%B8%96%E5%98%89%E5%85%AC%E5%8F%B8)

[17] SEGA Saturn（世嘉土星，簡稱 SS）是日本世嘉（SEGA）公司開發的第六代 32 位元家用遊戲機。1994 年 11 月 22 日 SEGA Saturn 開始在日本發售，定價為 44800 日圓。首日售賣了十七萬部。全球總銷量為 876 萬部，其中 580 萬部在日本本土，296 萬部在國外。

官方稱之所以命名為 SEGA Saturn(SS)是因為這部主機是 SEGA 公司的的第六部主機，因此取名為對應的太陽系的第六顆行星土星（SATURN）。而在此之前的五部主機分別是 SG-1000、MARK II、MARK III、Master System、Mega Drive。

[18] 任天堂株式會社（東證 1 部：7974, OTCBB：NTDOY），於 1889 年 9 月 23 日成立，起初

PlayStation 在遊戲軟體數量上以絕對的優勢贏得這場次世代主機市場的勝利。

圖 47 PlayStation 遊戲機

2000 年 9 月 14 日，日本 SCEI 推出 PlayStation 主機的輕量化版本 PSone。它是以 PlayStation 架構為基礎，另外，SCEI 為了讓 PSOne 能像掌上型遊戲機般隨身攜帶，還另設計一款名為「Mobile Power One」的套件，可為 PSOne 主機提供一小時半至三小時的電源，至 2005 年，PS 的全球銷量約為 1.03 億台。

最早的 PlayStation 構想始於 1986 年。任天堂從紅白機開始就嘗試使用光碟儲存技術，但是這種儲存媒體擁有許多問題：本身的物理特性使其極易損壞，且還有被非法複製的危險。雖然如此，在當 CDROM/XA 技術細節公佈之後，任天堂仍對其技術產生了興趣。CDROM/XA 標準是由 SONY 和 Philips 共同提出，任

是一間由山內房治郎創立的小公司，專門製造一種名為花札的日本手製紙牌。20 世紀中期，任天堂株式會社曾經發展多方面業務，例如酒店和計程車；經過多年時間，現已成為一間全球最大電玩遊戲機製造商。除此之外，任天堂亦持有美國職棒大聯盟的西雅圖水手隊。

任天堂是歷史上最長壽的電視遊戲平台公司，以及最有影響和有名的遊戲平台生產商，是手提遊戲平台的領導者。他們於 1983 年於日本發展，往後亦於不同地區，如 1985 年於北美洲和 1986 年於歐洲發展分部。任天堂已開發 5 個電視遊戲平台—FC（俗稱紅白機）、超級任天堂、任天堂 64、GameCube 、Wii 和 Wii U - 以及許多不同的手提攜帶型裝置，包括著名的 Game Boy 系列、Game & Watch、Virtual Boy、神奇寶貝 Mini、任天堂DS 系列和任天堂3DS。他們推出了超過 250 款遊戲，製作了最少 180 款遊戲，超過 24 億套遊戲售出。

天堂於是決定與 SONY 合作來開發超級任天堂用的 CDROM 外接光碟機，並暫時命名為「SFC-CD」。

實際上，任天堂之所以選擇 SONY，最主要的原因是由於一個人在 SONY 與任天堂間不停遊說的結果，他就是久多良木健[19]；這位在後來被譽為「Playstation 之父」的人，在那之前曾透過一個令人印象深刻的技術展示，使任天堂決定購買 SONY 的 8 聲道 ADPCM[20]技術的音效處理晶片「SPC-700」作為超級任天堂音效來源中樞。

但 SONY 同時也在計劃開發另外一部相容任天堂遊戲、並貼著 SONY 商標的家用主機。這部主機不僅能夠使用超級任天堂家族的遊戲卡匣，同時也支援使用 SONY 自行研發的新 CDROM 格式——這個格式同時也會被使用在"SFC-CD"上。SONY 計劃以藉由為超級任天堂開發這個外接光碟機的機會進入遊戲界，並取代當時由任天堂所主宰的遊戲市場。

---

[19] 久夛良木健（日語：くたらぎけん，1950 年 8 月 2 日－），日本企業家，1993 年－2006 年擔任 SONY 旗下的索尼電腦娛樂會長（代表取締役会長）兼 CEO。以開發出風靡一時的 PlayStation 家用遊戲機系列而聞名，有「PlayStation 之父」之稱。2007 年 4 月 27 日，索尼公司與索尼電腦娛樂公司聯合對外發布，索尼電腦娛樂公司會長兼 CEO 久夛良木健即將於 2007 年 6 月 19 日任期屆滿後退休，退休後將榮任為索尼電腦娛樂公司榮譽會長，原職位由索尼電腦娛樂社長兼營運長（COO）平井一夫接任

[20] ADPCM：(Adaptive Differential PCM) A widely used variation of PCM that codes the difference between sample points like differential PCM (DPCM), but can also dynamically switch the coding scale to compensate for variations in amplitude and frequency. See PCM, DPCM and sampling.

ADPCM for CD-ROMs：Sony and Philips set the encoding standards for the CD (Red Book) and CD-ROM (Yellow Book), and several ADPCM codecs were defined for mixing audio and data on a CD-ROM. Because of the larger sampling rates and two channels (left and right stereo), the following bit rates are much larger by comparison to the subsequent list of ADPCM codecs used for speech (the G. standards).

1991 年，任天堂原定在 6 月的消費性電子展（CES）[21]上公佈"SFC-CD"。然而，當山內溥[22]詳細閱讀 1988 年任天堂與索尼簽訂的協議後發覺，如果這個計劃持續實施的話，任天堂將完全喪失合作的主導權，並失去現有的遊戲市場佔有率。山內溥認為這樣的協議根本無法接受，於是他暗中停止了一切"SFC-CD"的開發計劃。在未通知 SONY 方面的情況下，美國任天堂總裁霍華德·林肯[23]取消了原定在 CES 舉行當天上午 9 點的發表會，並向外界透露他們正與 Philips 合作開發超級任天堂的外接光碟機的消息，更宣佈計劃放棄任天堂與 SONY 之前的研發成果。其實在這之前，林肯與荒川實就已經祕密飛往飛利浦位於歐洲的總部並且立即達成共識——即一份任天堂能完全掌握合作主導權的協議。

上午 9 點的 CES 所通報的消息無疑是令人震驚。不僅僅是對於那些參觀 CES 的人，在日本人眼中這件事更帶有背叛的色彩：一個日本公司指責另一個日本公司，並且與歐洲的競爭對手合作，這在日本經濟界是根本無法想像的事情。

在與任天堂的合作計劃宣告瓦解之後，SONY 曾一度考慮中止他們的研發計

---

[21] CES 展會是全球最大消費性電子展，International CES, 每年吸引全球數千家消費性電子產品業者前來共襄盛舉，已成為新創新和新產品的展示舞臺。從雲端服務、數位醫療進步和聯網汽車技術，到最新應用程式和軟性裝置，International CES 上發佈的創新技術將在全球各地創造新的工作機會，進一步推動經濟成長。

[22] 山內溥(1927 年 11 月 7 日－2013 年 9 月 19 日)生出於日本京都，早稻田大學商學部畢業。任天堂公司顧問、前社長。其執掌公司期間，任天堂由撲克牌製造商成功轉型為一間電子遊戲企業，並於 1980 年代推出世界風行的電視遊戲機紅白機（FC）。2002 年 6 月 29 日退休，在業內以言語犀利、行事強硬和固執著稱。山內溥屬傳統日本強權型領導人物，在位任天堂社長期間有過不少獨斷卻影響深遠的決策

[23]霍華德・林肯，(1940 年情人節出生)美國加利福尼亞州人，原任天堂美國分公司(Nintendo of America)NOA 會長。加利福尼亞大學法律系畢業之後應招入伍，在美國海軍從事 4 年法務官職務，之後在西雅圖一家律師事務所工作。因為盜版官司為緣結識任天堂美國分公司社長荒川實，提出“這不是個人問題，盜版關乎企業經營的命脈”這樣觀點。之後在荒川勸誘下進入任天堂。為取得《俄羅斯方塊》版權曾和荒川親赴俄羅斯談判，1982 年擔任副社長，長期用專業法律知識，活躍在為任天堂在美國的權益維護、法律糾紛、打擊盜版上。

劃；但是在久多良木健的不斷遊說之下，公司高層最終決定繼續進行這個計劃並使其成為一部全新的主機。獲悉該決定的任天堂以 SONY 違反合作契約為由，向美國聯邦法院起訴 SONY 並要求損害賠償，企圖阻止 SONY 的開發計劃。但是聯邦法院最後駁回了任天堂的請求。於是，在 1994 年 12 月，一款新的遊戲主機終於誕生在這個世界上了，而它就是 PlayStation。

PlayStation 作為電視遊戲產業中最長壽的產品之一，整整流行了 11 年。2006 年 3 月 23 日，Sony 正式宣布停止所有類型的 PlayStation 的生產。

資料來源:http://zh.wikipedia.org/wiki/PlayStation

PSone 薄型機

2000 年 9 月，Sony 發表了重新設計的更小巧主機，叫做 PSone。原來的 Playstation 在日本被叫做"PS"在美國則根據當年開發中使用的代號叫做「PSX」。2003 年 Sony 在日本發布 PS2 系統的時候叫做 PSX。現在 Playstation 正式簡稱是"PS1"或"PSone"，PSOne 跟以前的區別一個是外觀，一個就是主選單的圖形介面。PSOne 省略了可供兩部主機間對戰用的 Serial I/O（序列輸出入通訊埠）與可供玩家外接擴充卡用的 Parallel I/O（並列輸出入通訊埠），電源方面以外接交換式電源供應器（SPU）取代（舊機型為內建於主機中），使得主機得以縮小為原舊機型的 1/3 大小。此外 SCEI 還為 PSOne 量身打造一款外接的液晶螢幕（需另外購買），裝上之後與主機非常契合，且只需使用原廠電源供應器即可，且因電源採外接設計，電源種類可更多元化，為此 SCEI 也設計了車用電源供應器，實現在車上也能進行遊戲，便利性大增。

資料來源：http://zh.wikipedia.org/wiki/PlayStation

圖 48 PS one 遊戲機

Play Station®遊樂器的規格：

- CPU: R-3000A 32BIT RISC CPU（33.8688 MHz）
- 運算速度：30 MIPS[24]
- 顯示解析度：256x244（最大 640x480）
- 最大發色數：1677 萬色
- 特顯機能：放大縮小，迴旋，變形，半透明，多重捲軸，橡皮泥效果等，最多一屏同顯 4000 個活動色，每秒處理 36 萬多邊形
- 聲音：ADPCM 音源 24 路，訊號採樣頻率 44.1KHz，和 CD 音樂相同
- 開發環境：C 語言，擁有豐富的函數庫，開發容易

資料來源：http://zh.wikipedia.org/wiki/PlayStation

主機板規格：

[24]每秒指令（英語：Instructions per second，縮寫：IPS）是一種計算電腦中央處理器速度的記量單位。例如每秒千指令（kIPS）、每秒百萬指令（MIPS）或每秒百萬操作（MOPS）等

- 主要記憶體：2 Megabytes
- 影像記憶體：1 Megabyte
- 音訊記憶體：512 Kilobytes
- CD-Rom 緩衝器：32 Kilobytes
- 存放作業系統的唯讀記憶體：512 Kilobytes
- PlayStation 記憶卡擁有 128 Kilobytes 的空間在一個 EEPROM

資料來源：http://zh.wikipedia.org/wiki/PlayStation

微處理器規格：

一個 PlayStation 主機板 MIPS R3000A-相容 (R3051) 32 位元 RISC 晶片運行 33.8688 MHz，這個晶片是 LSI Logic 依 SGI 技術許可所製造。這個晶片同時也包含著幾何學變化引擎以及數據減壓引擎。

特點：

- 30 MIPS 的操作表現
- Bus 寬帶 132 MB/s
- 指令快取 4 kB
- 資料快取 1 kB(非相聯的，只要 1024 bytes 快速映射 SRAM / Static Random Access Memory)
- 核心面積為 8.15x8.1 mm

資料來源：http://zh.wikipedia.org/wiki/PlayStation

圖形微處理機(GPU)規格：

圖形微處理機(GPU)與中央處理機(CPU)讀立分開，並且處理全部的 2D 圖形，並包含 3D 多邊形。

- 最大到 16.7 百萬色
- 解析度從 256×224 到 640×480
- 可調整影格緩衝器
- 不限制色盤索引數
- 最大到 24 位元色彩深度

資料來源：http://zh.wikipedia.org/wiki/PlayStation

聲音處理器規格：

- 能夠處理 ADPCM 來源提升到 24 個頻道和 44.1 kHz 的採樣率
- 能夠表現的數位效果包含：音調調節、Envelope、迴音、數位餘響
- 能夠處理 512 MB 給樣本波形
- 支援 MIDI 設備
- PC 檔案名稱格式：.VAB（WaveTable) & .VAG(Sound）

資料來源：http://zh.wikipedia.org/wiki/PlayStation

CD-ROM Drive 光碟機規格：

- 原本僅有單一的讀取速率，之後被兩倍速的裝置取代了，最大讀取速率達到 300 KB/s
- 適應 XA Mode 2
- CD-DA（CD 數位音頻）

Play Station 控制器介紹

首先，讀者由圖 47 所示，可以看到 Sony Entertainment Play Station®遊樂器[25]，在前方可以看到 1 和 2 的符號，那就是可以插入圖 49 的搖桿的插座，也就是用來控制 Play Station 遊樂器進行遊戲時，所使用的搖桿。

圖 49 PlayStation 遊戲機搖桿

Play Station 控制器為九個接點端子，由圖 50 所示，為倒梯形的形狀，分為三格，每一格有三個接點所形成的九個接點端子，主要提供圖 49 的 PS 搖桿所使用。此 Play Station 控制器端子不只是可以接 PS 搖桿，還可以接太鼓達人的敲擊鼓、跳舞機的跳舞墊等許多周邊。

---

[25] PlayStation（簡稱為 PS），是日本索尼旗下的索尼電腦娛樂於 1994 年 12 月 3 日推出的家用遊戲主機。2000 年 9 月 14 日，日本 SCEI 推出 PlayStation 主機的輕量化版本 PSone。它是以 PlayStation 架構為基礎，至 2005 年，PS 的全球銷量約為 1.03 億台（資料來源：http://zh.wikipedia.org/wiki/PlayStation）。

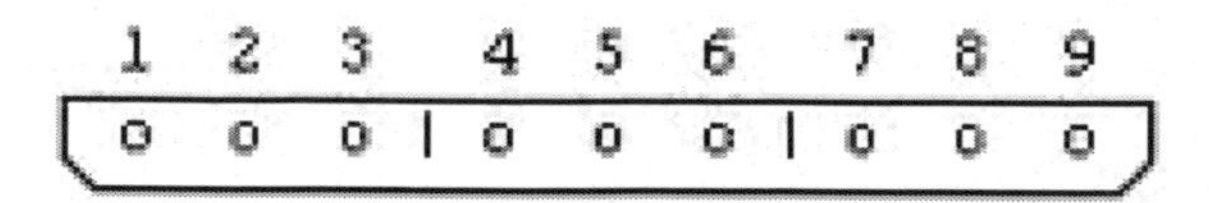

圖 50 Playstation 控制器接口

Play Station 控制器端子其腳位從左到右依次編號 1、2、3、4、5、6、7、8、9，其接口請參考 Curious InventorTM 網站：http://store.curiousinventor.com/guides/PS2，如圖 51 所示，標示由第一隻接腳到第九隻接腳的定義。

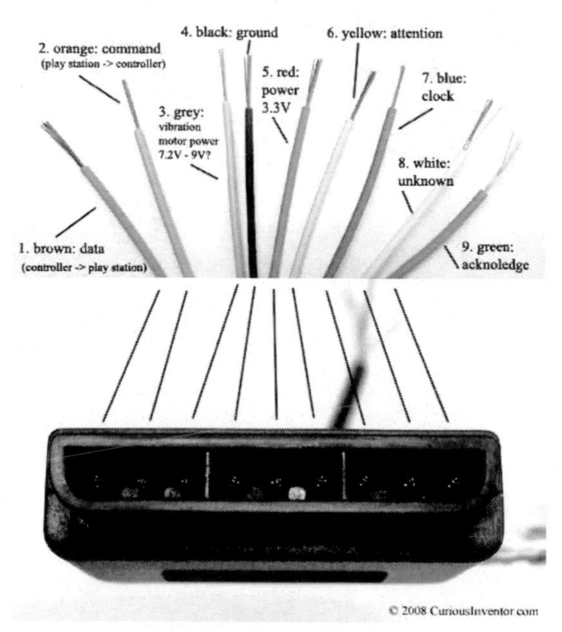

圖 51 Playstation 搖桿連接腳位一覽圖

資料來源：http://store.curiousinventor.com/guides/PS2

所以，我們可以圖 52 所示，可以更進一步瞭解 Playstation 搖桿連接腳位的用途，並且我們可以由 Curious InventorTM 網站：http://store.curiousinventor.com/guides/PS2，了解 Playstation 搖桿連接腳位更詳細的用途。

進而我們將這些 Playstation 搖桿連接腳位整理到表 15 所示，可以提供往後攥寫 Arduino 開發板開發程式使用。

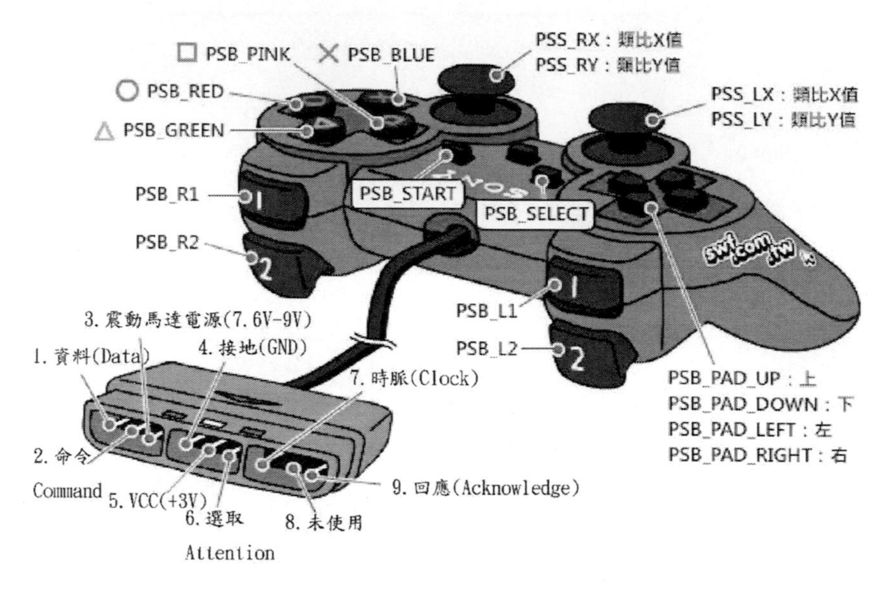

圖 52 PlayStation 2 控制器的接腳定義

資料來源：http://swf.com.tw/?p=435

控制器的接腳資料(此段以原文呈現）：

- Wire Colors and Functionality: There are 9 wires, 6 wires are needed at a minimum to talk to the controller: (clock, data, command, power & ground, attention). To operate vibration motors, motor_power is also needed.

- Brown - Data: Controller -> PlayStation. This is an open collector output and requires a pull-up resistor (1 to 10k, maybe more). (A pull-up resistor is needed because the controller can only connect this line to ground; it can't actually put voltage on the line).

- Orange - Command: PlayStation -> Controller.
- Grey - Vibration Motors Power: 6-9V? With no controller connected, this meausures about 7.9V, with a controller, 7.6V, most websites say this is 9V (except playstation.txt -> 7.6V), although it will still drive the motors down around 4V, although somewhat slower. When the motors are first engaged, almost 500mA is drawn on this line, and at steady state full power, ~300mA is drawn.
- Black - Ground
- Red - Power: Many sites label this as 5V, and while this may be true for Play Station 1 controllers, we found several wireless brands that would only work at 3.3V. Every controller tested worked at 3.3V, and the actual voltage measured on a live Playstation talking to a controller was 3.4V. McCubbin says that any official Sony controller should work from 3-5V. Most sites say there is a 750mA fuse for both controllers and memory cards, although this may only apply to PS1's since 4 dual shock controllers could exceed that easily.
- Yellow - Attention: This line must be pulled low before each group of bytes is sent / received, and then set high again afterwards. In our testing, it wasn't sufficient to tie this permanently low--it had to be driven down and up around each set. Digitan considers this a "Chip Select" or "Slave Select" line that is used to address different controllers on the same bus.
- Blue - Clock: 500kH/z, normally high on. The communication appears to be SPI bus. We've gotten it to work from less than 100kHz up through 500kHz (500k bits / second, not counting delays between bytes and packets). When the guitar hero controller is connected, the clock rate is 250kHz, which is also the rate the playstation 1 uses.

- White - Unknown
- Green - Acknowledge: This normally high line drops low about 12us after each byte for half a clock cycle, but not after the last bit in a set. This is a open collector output and requires a pull-up resistor (1 to 10k, maybe more). playstation.txt says that the playstation will consider the controller missing if the ack signal (> 2us) doesn't come within 100us.

資料來源：http://store.curiousinventor.com/guides/PS2

表 15 Play Station 搖桿接腳一覽圖

功能名稱	搖桿腳位	使用說明
dataPin	如圖 52 之第一隻接腳	**傳輸 Data 使用**
cmndPin	如圖 52 之第二隻接腳	**傳輸控制命令用**
attPin	如圖 52 之第六隻接腳	**啟動 Attention 使用**
clockPin	如圖 52 之第七隻接腳	**控制時脈 Clock 使用**
Vcc	如圖 52 之第五隻接腳	**供應電源用，必須使用 +3.3V(Vcc)**
Gnd	**如圖 52 之第四隻接腳**	**供應電源接地用，Gnd**

如何連結 PS 搖桿(PSX 函數)

本書使用的 PlayStation 搖桿 PSX 函式庫，乃是 Arduino 官網：http://playground.arduino.cc/Main/PSXLibrary ，分享的函式庫，讀者可以到 http://playground.arduino.cc/Main/PSXLibrary，特感謝 Arduino 官網的分享。

讀者可以到 Github(https://github.com/)網站，本書的所有範例檔，都可以在 https://github.com/brucetsao/eDance，下載所需要的檔案。

首先，請讀者依照表 16 進行電路組立，再根據上述網址下載 PSX 的函式庫並安裝到 Arduino 開發工具上，在進行程式攥寫的動作。

表 16 PS 搖桿接腳表

	模組接腳	Arduino 開發板接腳	解說
LCD 2004	Data D0	Arduino digital output pin 30	LCD 2004 資料接腳
	Data D1	Arduino digital output pin 32	
	Data D2	Arduino digital output pin 34	
	Data D3	Arduino digital output pin 36	
	Data D4	Arduino digital output pin 38	
	Data D5	Arduino digital output pin 40	
	Data D6	Arduino digital output pin 42	
	Data D7	Arduino digital output pin 44	
	Pin 5	Arduino digital output pin 5	Selects command register when low; and data register when high
	Pin 6	Arduino digital output pin 6	Low to write to the register; High to read from the register
	Pin 7	Arduino digital output pin 7	Sends data to data pins when a high to low pulse is given
	Pin 2	5V 陽極接點	5V 陽極接點
	Pin 1	共地接點	共地接點
PS 搖桿	dataPin	Arduino digital pin 13	如圖 52 之第一隻接腳
	cmndPin	Arduino digital pin 11	如圖 52 之第二隻接腳
	attPin	Arduino digital pin 12	如圖 52 之第六隻接腳
	clockPin	Arduino digital pin 10	如圖 52 之第七隻接腳
	VCC	5V 陽極接點	如圖 52 之第五隻接腳
	GND	共地接點	如圖 52 之第四隻接腳

完成 Arduino 開發板與 playstation 搖桿連接之後，將下列表 17 之 playstation 搖桿測試程式鍵入 Arduino Sketch 之中，完成編譯後，上載到 Arduino 開發板進

行測試，可以見到圖 53 所示，可以精準的抓到 Playstation 搖桿的按鈕是否被按下。

表 17 PSX 測試程式

PSX 測試程式(PS2_stick01)

```
#include <LiquidCrystal.h>

/* LiquidCrystal display with:
LCD 4 (RS) to arduino pin 12
LCD 5 (R/W) to ground (non-existent pin 14 okay?)
LCD 6 (E) to arduino pin 11
d4, d5, d6, d7 on arduino pins 7, 8, 9, 10
*/


/*   PSX Controller Decoder Library (Psx.pde)
     Written by: Kevin Ahrendt June 22nd, 2008

     Controller protocol implemented using Andrew J McCubbin's analysis.
     http://www.gamesx.com/controldata/psxcont/psxcont.htm

     Shift command is based on tutorial examples for ShiftIn and ShiftOut
     functions both written by Carlyn Maw and Tom Igoe
     http://www.arduino.cc/en/Tutorial/ShiftIn
     http://www.arduino.cc/en/Tutorial/ShiftOut

     This program is free software: you can redistribute it and/or modify
     it under the terms of the GNU General Public License as published by
     the Free Software Foundation, either version 3 of the License, or
     (at your option) any later version.

     This program is distributed in the hope that it will be useful,
     but WITHOUT ANY WARRANTY; without even the implied warranty of
     MERCHANTABILITY or FITNESS FOR A PARTICULAR PURPOSE.   See the
     GNU General Public License for more details.
```

PSX 測試程式(PS2_stick01)

```
    You should have received a copy of the GNU General Public License
    along with this program.  If not, see <http://www.gnu.org/licenses/>.
*/

#include <Psx.h>                                                    // Includes the
Psx Library
                                                                     // Any pins
can be used since it is done in software
#define dataPin 13
#define cmndPin 11
#define attPin 12
#define clockPin 10


LiquidCrystal lcd(5,6,7,38,40,42,44);     //ok

Psx Psx;                                                            // Initializes
the library

unsigned int data = 0;                                              // data stores the
controller response

void setup()
{
  lcd.begin(20, 4);
  lcd.setCursor(0,0);
// Print a message to the LCD.
lcd.print("PS Controller");

  Psx.setupPins(dataPin, cmndPin, attPin, clockPin, 10);   // Defines what each pin is
used
//                          11                  9      10          8
// (Data Pin #, Cmnd Pin #, Att Pin #, Clk Pin #, Delay)
  Serial.begin(9600);
}
```

PSX 測試程式(PS2_stick01)

```
void loop()
{
  data = Psx.read();                                          // Psx.read() initi-
ates the PSX controller and returns
                                                                   // the button
data
  Serial.println(data,HEX);                                   // Display the
returned numeric value
  lcd.setCursor(1,1);
// Print a message to the LCD.
  lcd.print(data);

  delay(50);
}
```

可以由圖 53 所示，程式已經可以讀取到 playstation 搖桿的數值，但是該函數是每一個按鈕代表一個 bit,如表 18 所示，可以了解每一個按鈕按下時，得到哪一個數值，參照表 18 就可以知道哪一個按鈕被按下。

表 18 PlayStation 搖桿讀取值(PSX)

按鈕變數值	按鈕內容值	圖示
psxLeft	0x0001	
psxDown	0x0002	
psxRight	0x0004	
psxUp	0x0008	
psxStrt	0x0010	START

psxAnalogRightButton	0x0020	
psxAnalogLeftButton	0x0040	
psxSlct	0x0080	SELECT
psxSqu	0x0100	
psxX	0x0200	
psxO	0x0400	
psxTri	0x0800	
psxR1	0x1000	
psxL1	0x2000	
psxR2	0x4000	
psxL2	0x8000	

所以，當讀到搖桿執回傳值時，先去查閱表 18，先去與上述值進行布林運算後，可以了解到哪一個按鈕被按，由於不同按鈕所佔的位元不同，所以 PlayStation 搖桿可以同時按下多個按鍵，甚至全部的按鍵。

圖 53 PSX 測試程式結果畫面

PSX 函數說明

本節主要介紹之 Arduino 開發板連接、使用 PLaystation 搖桿(Controller)必須使用的 psx library，解說這個函式庫的內容、用法、範例等。對於函式庫原始碼內容可參閱附錄 PSX 函數。

Psx()

-用來初始化本物件

-Ex: Psx Psx;

setupPins(dataPin, cmndPin, attPin, clockPin, delay)

-設定搖桿所使用的接腳,請參考圖 52 與圖 51 所示

格式：

Psx.setupPins(dataPin, cmndPin, attPin, clockPin, 10);

範例

```
Psx.setupPins(8, 9, 10, 11, 10) ;
```

腳位說明：

- dataPin：如圖 52 之第一隻接腳，傳輸 Data 使用
- cmndPin：如圖 52 之第二隻接腳，傳輸控制命令用
- attPin：如圖 52 之第六隻接腳，啟動 Attention 使用
- clockPin：如圖 52 之第七隻接腳，控制時脈 Clock 使用
- VCC：如圖 52 之第五隻接腳，供應電源用，必須使用+3.3V(VCC)
- GND：如圖 52 之第四隻接腳，供應電源接地用，GND

read()

-從搖桿接收按鈕資訊的資料，回傳無符號長整數

-格式: unsigned int data = Psx.read();

PS:此值為無符號整數，每一個位元代表每一個按鈕是否被按下

Ex: if (data & psxUp)

按鈕代表如下：(可參考表 18)

- psxLeft 0x0001
- psxDown 0x0002
- psxRight 0x0004

- psxUp 0x0008
- psxStrt 0x0010
- psxSlct 0x0080
- psxSqu 0x0100
- psxX 0x0200
- psxO 0x0400
- psxTri 0x0800
- psxR1 0x1000
- psxL1 0x2000
- psxR2 0x4000
- psxL2 0x8000

如何連結 PS 搖桿(PS2X 函數)

本書使用的 PlayStation 搖桿 PS2X 函式庫，乃是 Bill Porter 所攥寫得函式庫，其官網：http://www.billporter.info/，讀者可以到 Bill Porter 官網閱讀他的大作，裡面有許多有趣且有用的資訊，作者不另惜與大家分享他的傑作。

在他的官網中，有一個 Playstation Controller 的網頁介紹，網址為：http://www.billporter.info/2010/06/05/playstation-2-controller-arduino-library-v1-0/，讀者可以到

http://www.billporter.info/2010/06/05/playstation-2-controller-arduino-library-v1-0/

觀看他有關於 PlayStation 搖桿資訊，特感謝 Bill Porter 無私的分享。

Bill Porter 在其 GitHuB 中，也攥寫了一個非常好用的 playstation 函式庫，在 Bill Porter 的 GitHuB 網站：https://github.com/madsci1016/Arduino-PS2X，讀者可以到他的網址下載，另一套 playstation 函式庫，稱為 PS2X，讀者請下載後自行安裝在 Arduino 開發板工具上，若對該函數有不了解之處，請讀者參閱本書附錄-PS2X

一節。

首先，請讀者依照表 16 與圖 51 及圖 52 之規格進行電路組立，再根據上述網址下載 PS2X 的函式庫並安裝到 Arduino 開發工具上，在進行程式攥寫的動作。

完成 Playstation 搖桿電路組立之後，將下列表 19 之 PS2X 測試程式鍵入 Arduino Sketch 之中，完成編譯後，上載到 Arduino 開發板進行測試，可以見到圖 54 所示，並也可以在 LCD 2004 上面看到，所按下的按鈕會顯示"1",沒有按下的按鈕會顯示"0",如此就可以知道哪一顆按鈕被按下。。

表 19 PS2X 測試程式

PS2X 測試程式(PS2_stick02)

```
// This program compiles the Playstation controller button statuses into a 6 byte string.
// The first 2 bytes contain button status and the last 4 contain the thumbstick positions.
// by Adam Kemp, 2012 http://code.google.com/p/smduino/

#include <LiquidCrystal.h>

/* LiquidCrystal display with:
LCD 4 (RS) to arduino pin 12
LCD 5 (R/W) to ground (non-existent pin 14 okay?)
LCD 6 (E) to arduino pin 11
d4, d5, d6, d7 on arduino pins 7, 8, 9, 10
*/



#include <PS2X_lib.h>    //for v1.6 (Thanks to Bill Porter for a wicked library
http://www.billporter.info/playstation-2-controller-arduino-library-v1-0/)
LiquidCrystal lcd(5,6,7,38,40,42,44);      //ok

PS2X ps2x; // create PS2 Controller Class



void setup(){
  lcd.begin(20, 4);
  lcd.setCursor(0,0);
// Print a message to the LCD.
```

PS2X 測試程式(PS2_stick02)

```
  lcd.print("PS2 Controller");

  Serial.begin(9600);
  ps2x.config_gamepad(10,11,12,13, true, true);    //setup pins and settings:
GamePad(clock, command, attention, data, Pressures?, Rumble?) check for error
}

void loop(){
  byte buttons = 0x00;
  byte dPads = 0x00;
  ps2x.read_gamepad();
  bitWrite(buttons, 0, ps2x.Button(PSB_SELECT)); //byte 1, bit 0
  bitWrite(buttons, 1, ps2x.Button(PSB_START)); //byte , bit 1
  bitWrite(buttons, 2, ps2x.Button(PSB_L1)); //byte 1, bit 2
  bitWrite(buttons, 3, ps2x.Button(PSB_L2)); //byte 1, bit 3
  bitWrite(buttons, 4, ps2x.Button(PSB_R1)); //byte 1, bit 4
  bitWrite(buttons, 5, ps2x.Button(PSB_R2)); //byte 1, bit 5
//  bitWrite(buttons, 6, ps2x.Button(PSB_L3)); //byte 1, bit 6
//  bitWrite(buttons, 7, ps2x.Button(PSB_R3)); //byte 1, bit 7
  bitWrite(dPads, 0, ps2x.Button(PSB_PAD_UP)); //byte 2, bit 0
  bitWrite(dPads, 1, ps2x.Button(PSB_PAD_DOWN)); //byte 2, bit 1
  bitWrite(dPads, 2, ps2x.Button(PSB_PAD_LEFT)); //byte 2, bit 2
  bitWrite(dPads, 3, ps2x.Button(PSB_PAD_RIGHT)); //byte 2, bit 3
  bitWrite(dPads, 4, ps2x.Button(PSB_TRIANGLE)); //byte 2, bit 4
  bitWrite(dPads, 5, ps2x.Button(PSB_CIRCLE)); //byte 2, bit 5
  bitWrite(dPads, 6, ps2x.Button(PSB_CROSS)); //byte 2, bit 6
  bitWrite(dPads, 7, ps2x.Button(PSB_SQUARE)); //byte 2, bit 7
  Serial.print("Data==>("); //prints byte 1
  Serial.print(buttons,HEX); //prints byte 1
  Serial.print("/"); //prints byte 1
  Serial.print(buttons,BIN); //prints byte 1
  Serial.print(")<"); //prints byte 1
  Serial.print(dPads,HEX); //prints byte 2
  Serial.print("/"); //prints byte 1
  Serial.print(dPads,BIN); //prints byte 2
  Serial.print(">---["); //prints byte 1
```

PS2X 測試程式(PS2_stick02)

```
    Serial.print(ps2x.Analog(PSS_LY)); //prints left y thumbstick value
    Serial.print("/"); //prints byte 1
    Serial.print(ps2x.Analog(PSS_LX)); //prints left x thumbstick value
    Serial.print("/"); //prints byte 1
    Serial.print(ps2x.Analog(PSS_RY)); //prints right y thumbstick value
    Serial.print("/"); //prints byte 1
    Serial.print(ps2x.Analog(PSS_RX)); //prints right x thumbstick value
    Serial.print("]"); //prints byte 1
    Serial.println(""); //prints right x thumbstick value
    lcd.setCursor(0,2);
    lcd.print("                    ");
    lcd.setCursor(0,2);
    lcd.print(buttons,BIN);
    lcd.setCursor(0,3);
    lcd.print("                    ");
    lcd.setCursor(0,3);
    lcd.print(dPads,BIN);


  delay(200); //rinse, wash, repeat
}
```

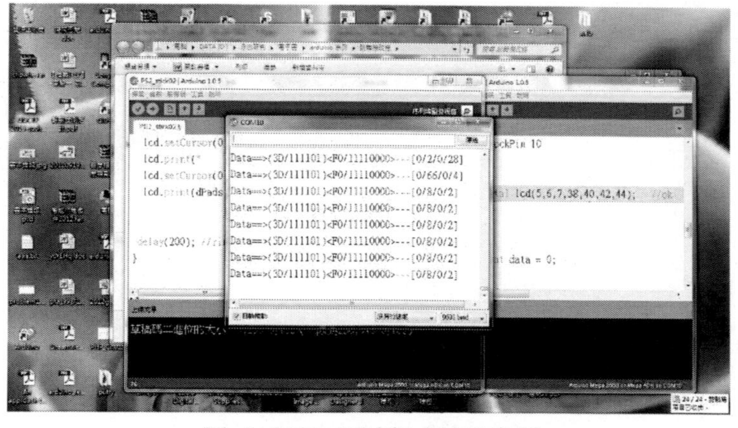

圖 54 PS2X 測試程式結果畫面

表 20 PlayStation 搖桿讀取值(PS2X)

按鈕變數值	按鈕內容值	圖示
PSB_PAD_LEFT	0x0080	
PSB_PAD_DOWN	0x0040	
PSB_PAD_RIGHT	0x0020	
PSB_PAD_UP	0x0010	
PSB_START	0x0008	START
PSB_SELECT	0x0001	SELECT
PSB_PINK PSB_SQUARE	0x8000	
PSB_BLUE PSB_CROSS	0x4000	
PSB_RED PSB_CIRCLE	0x2000	
PSB_GREEN PSB_TRIANGLE	0x1000	
PSB_R1	0x0800	
PSB_L1	0x0400	
PSB_R2	0x0200	
PSB_L2	0x0100	
PSB_R3	0x0004	
PSB_L3	0x0002	

章節小結

本章主要介紹之 Arduino 開發板連接 Playstation 搖桿，當然也可以連接其他相容於 Playstation 搖桿的周邊，如跳舞墊等等，透過本章節的解說，相信讀者會對連接、使用 Playstation 搖桿，有更深入的了解與體認。

7
CHAPTER

8051 步進馬達模組

在讀者了解步進馬達如何動作之後，本章節先行介紹目前已開發完成的 8051 步進馬達可程式驅動控制器，試著讓讀者了解如何啟動、控制步進馬達，並了解一個完整的步進馬達控制器的全貌，該有哪些功能、特徵、介面、電器輸出…等。如此一來，對後續步進馬達的控制方法會更加有深入的學習。

步進馬達模組介紹

由於完整的一個步進馬達模組，商業上售價並不便宜，我們也無須介紹這樣完整與專業的產品，作者在露天拍賣，賣家：機械人 DIY 柑仔店(http://class.ruten.com.tw/user/index00.php?s=cptc823)的賣場，找到了"步進馬達可編程控制板"這項產品，讀者有興趣可以到該產品賣場：http://goods.ruten.com.tw/item/show?21204159938396，了解該產品。

如圖 55 所示，該模組採用 8051 系列的單晶片微處理機為處理晶片，搭配 L297 晶片與 L298 晶片，可以直接驅動大馬力，高電壓與高電流的步進馬達，下列有本模組的詳細介紹。

圖 55 步進馬達模組

由於本模組，由圖 56 在硬體方面已經含入了步進馬達驅動晶片 L297A，在 H Bridge 方面也以含入了 L298 晶片，讀者對這兩者個晶片需要更詳細資料，可以參考本書附錄的 L297 晶片資料與 L298 H Bridge 晶片資料等章節，有興趣的讀者也到 SGS-THOMSON Microelectronics 官網：http://www.st.com/web/en/home.html，查詢更詳細的最新資料。

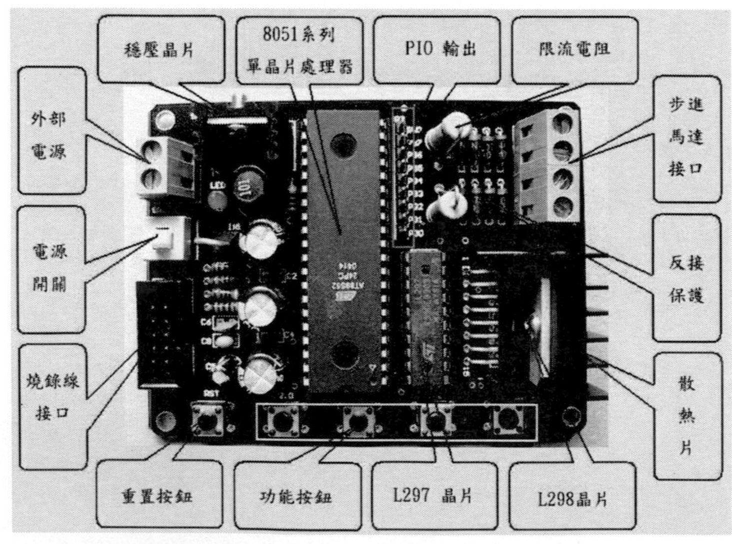

圖 56 步進馬達模組經片介紹

【規格說明】

- 尺寸：長 88mm / 寬 68mm / 高 30mm
- 主要晶片：AT89S52、L297、L298N
- 工作電壓：直流 5V~30V 12V 最佳
- 最大工作電流：1.5A 峰值電流 2A
- 額定功率 25W
- 可控制馬達：直徑 42mm 以內的之標準步進馬達

特點：

- 具有電源指示
- 轉速、轉向、工作方式可根據程式靈活控制
- 抗干擾能力強
- 具有高電壓、高電流、短路保護
- 可單獨控制一顆步進馬達
- 根據需要自己編程可以靈活控制步進馬達，實現多種動作
- 四個功能按鍵，可通過程式定義按鍵功能實現控制
- 核心控制晶片採用市場上最常用的 AT89S52 單晶片，支持 STC89C52 單晶片，控制方式簡單，只需控制 IO 接點的 TTL 電位即可
- 採用獨立編碼晶片 L297，不用在單晶片裏編程複雜的邏輯程式和佔用單晶片資源
- 設計有程式燒錄接腳，可以撰寫程式，在即時燒錄到模組上測試
- 晶片都安裝在模組板上，可以隨時更換晶片
- 外部連線採用旋轉壓接端子，使接線更牢固
- 四周有固定安裝孔
- 單晶片 P3 口使用排針，可以方便使用者連接控制更多週邊設備

● 提供相關範例之學習資料

至於步進馬達部分，由圖 57 所示，本書採用 Q-SYNC Model 56X1003 的步進馬達，該顆馬達規格如下：

驅動電壓：5 V

最大電流：1.0 A

步進角度：1.8 Deg.

扭力：3.0 Kg/cm

相數：4 相

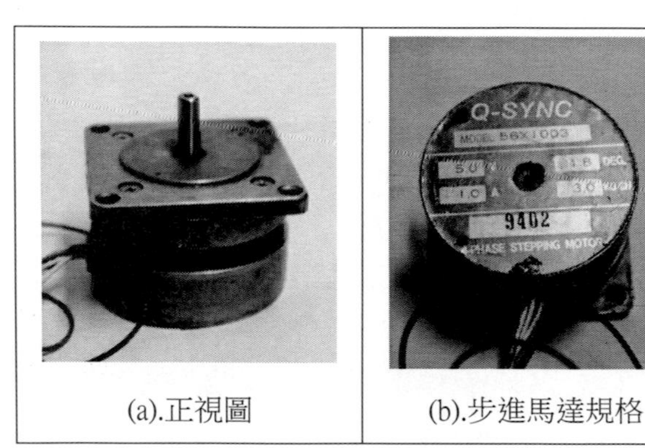

(a).正視圖　(b).步進馬達規格

圖 57 4 相步進馬達

接下來，參考圖 58 所示，裝上步進馬達，將外部電源接上 5V，由圖 59 所示，可以驅動圖 58 的步進馬達，可以控制正轉、反轉、加速、減速等步進馬達基本功能。

圖 58 使用預設系統驅動步進馬達

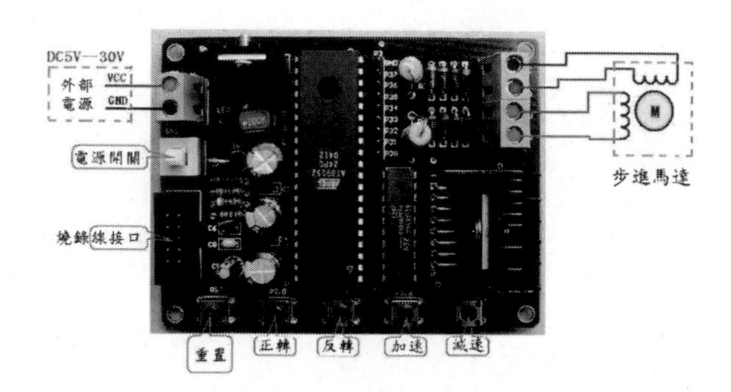

圖 59 8051 步進馬達模組預設功能鍵

本有興趣的讀者，若有更深入的興趣，可以作者 Github 的網站，https://github.com/brucetsao/eStepper/8051ControlBoard，下載其原廠廠商的參考範例，自行閱讀之。

章節小結

本章主要是介紹讀者，一個簡單步進馬達驅動模組的介紹，有感興趣的讀者可以到網路購買相關的模組，自行修改程式增強功力。

CHAPTER

使用步進馬達驅動器驅動馬達

在讀者了解透過 Arduino 開發板字型驅動步進馬達動作之後，一般而言，為了在產品開發時程上與成本上，目前大部分產品開發者已不會重新開發單獨使用微處理機驅動步進馬達，而是採用電腦連接➔步進馬達驅動器➔步進馬達的方式來驅動，所以本章先行介紹如何使用步進馬達驅動器，試著讓讀者了解如何透過步進馬達驅動器來啟動、控制步進馬達，並了解如何使用步進馬達來完成一個產品的完整全貌，如此一來，對後續步進馬達的控制方法會更加有深入的學習。

步進馬達驅動器

由於完整的一個步進馬達驅動器，商業上售價並不便宜，我們也無須介紹這樣完整與專業的產品，作者在露天拍賣，賣家：機械人 DIY 柑仔店(http://class.ruten.com.tw/user/index00.php?s=cptc823)的賣場，找到了"TB6560 3A 步進馬達驅動器 步進馬達驅動板 單軸控制器 10 檔電流"這項產品，讀者有興趣可以到該產品賣場：http://goods.ruten.com.tw/item/show?21211155343761，了解該產品。

如圖 60 所示，該模組採用東芝 TB6560AHQ 系列的步進馬達驅動晶片，可以直接驅動大馬力，高電壓與高電流的步進馬達，下列有本模組的詳細介紹。

圖 60 東芝 TB6560 模組

由於本模組，由圖 60、圖 61 所示，本身在硬體方面已經含入了東芝 TB6560AHQ 系列的步進馬達驅動晶片，這是一個非常專業的步進馬達驅動晶片，讀者對這個晶片詳細資料有興趣者，請讀者閱讀附錄相關資料。

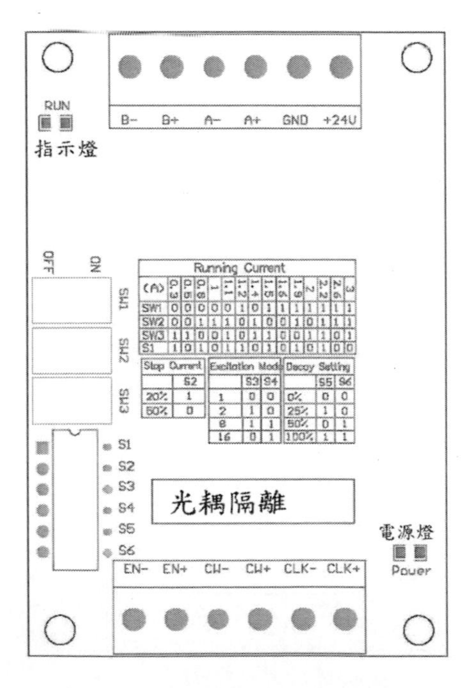

Running Current														
(A)	0.3	0.5	0.8	1	1.1	1.2	1.4	1.5	1.6	1.9	2	2.2	2.6	3
SW1	0	0	0	0	0	1	0	1	1	1	1	1	1	1
SW2	0	0	1	1	1	0	1	0	0	1	0	1	1	1
SW3	1	1	0	0	1	0	1	1	0	0	1	1	0	1
S1	1	0	1	0	1	1	0	1	0	1	0	1	0	0

Stop Current	
	S2
20%	1
50%	0

Excitation Mode		
	S3	S4
1	0	0
2	1	0
8	1	1
16	0	1

Decay Setting		
	S5	S6
0%	0	0
25%	1	0
50%	0	1
100%	1	1

圖 61 TB6560 面板 Layout 圖

TB6560 3A 步進馬達驅動器的規格說明如下：

- 工作電壓直流 5V-35V。建議使用開關電源 DC24V 供電。

- 採用 6N137 高速光藕，保證高速不失步。
- 採用東芝 TB6560AHQ 全新原裝晶片，內有低壓關斷、過熱停車及過流保護電路，保證最優性能。
- 規定最大輸出為：±3A，峰值 3.5A。
- 適合 42，57 步進 3A 以內的兩相/四相/四線/六線步進馬達，不適合超過 3A 的步進馬達。
- 自動半流功能。
- 細分：整步，半步，1/8 步，1/16 步，最大 16 細分。
- 尺寸：寬 50*長 108*高 35（MM）

特點：

- 電流逐級可調，滿足你的多種應用需求。
- 自動半流可調。
- 採用 6N137 高速光藕，保證高速不失步。
- 板印設置說明，不用說明書亦可操作。
- 採用厚密齒散熱器，散熱良好。

至於步進馬達部分，由圖 57 所示，本書採用 Q-SYNC Model 56X1003 的步進馬達，該顆馬達規格如下：

- 驅動電壓：5 V
- 最大電流：1.0 A
- 步進角度：1.8 Deg.
- 扭力：3.0 Kg/cm
- 相數：4 相

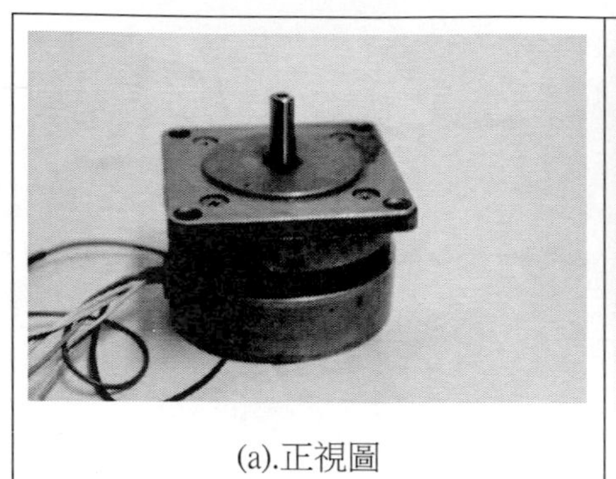

(a).正視圖　(b).步進馬達規格

圖 62 實驗用 4 相步進馬達

使用訊號產生器驅動步進馬達

接下來，參考由圖 60、圖 61 所示，將圖 62 之步進馬達，接在圖 61 之A 、A 、$\overline{A}$ 、$\overline{B}$ 端點上，在將外部電源接上 5V、GND，接在圖 61 之+24U、GND，只要將圖 63 的訊號產生器(Function Generator)， Output 的端子，接在圖 61 之Clk+、Clk-的端點上，產生對應的脈波值，如圖 64 所示，就可以控制步進馬達運轉。

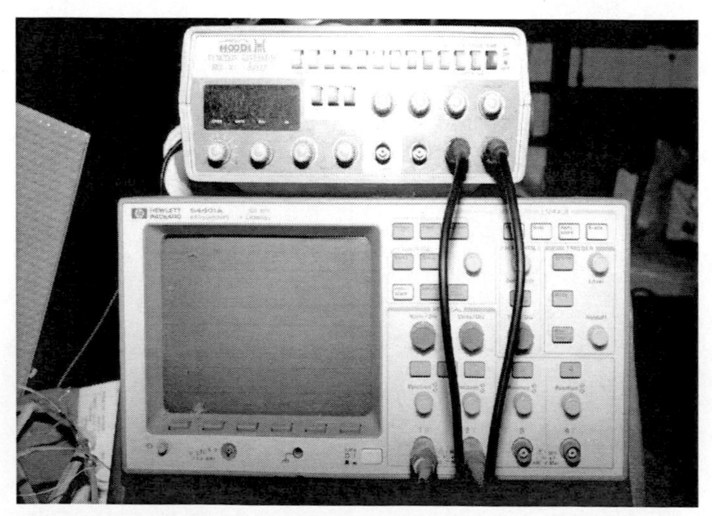

圖 63 使用訊號產生器(Function Generator)產生區動訊號

圖 64 步進馬達運轉

我們由如圖 64 所示，可以了解，只要簡單的脈波，就可以輕鬆的控制步進馬達，而不須要複雜的控制動作，如此一來，對於步進馬達只要了解輸出多少脈波，就可以知道移動多少步進角，由步進角可以得知轉了多少角度，並且透過輸出之脈波的頻率就可以知到步進馬達囀動的速度，當然，不可以超出步進馬達與控制板兩者最小的速度。

使用 Arduino 輸出脈波控制步進馬達

由上章節得知，只要簡單的脈波，就可以輕鬆的控制步進馬達，而不須要複雜的控制動作，但是我們不可能購買如此昂貴的訊號產生器來驅動步進馬達，而且我們無法直接控制輸出多少脈波來移動多少步進角，所以，本書使用 Arduino 開發板來攥寫如『訊號產生器』相同功能的程式來控制步進馬達。

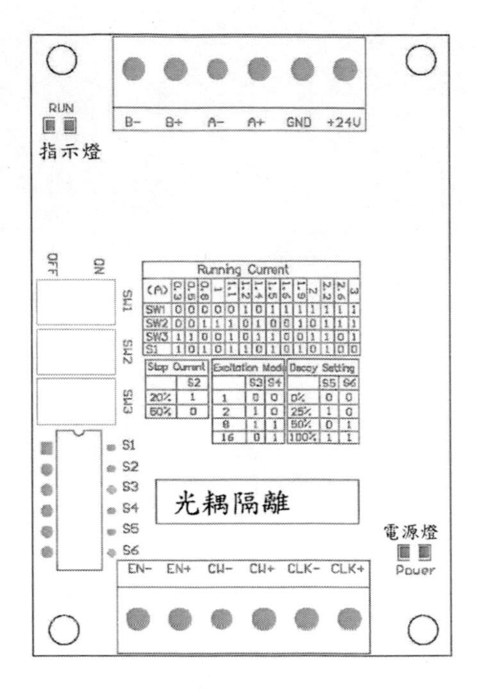

圖 65 TB6560 面板 layout

首先，由圖 65 所示，我們可以看到 TB6650 驅動版上有許多 Dip Switch，只要照圖 66 所示，將 TB6650 驅動板的環境設定好，就可以開始驅動 TB6650 驅動板來控制步進馬達。

為了完成本書實驗，將電流設定在 3A，將 SW1、SW2、SW3 都設成 on，S1 設成 off ，將停止電流(Stop Current)設成 50%，所以 S2 設成 off。

再將驅動方法(Excitation Mode)設成半步(Half)，所以 S3 設成 on、S4 設成 off。另外，Decay Setting 則依出廠設定維持在 100%，所以 S5 設成 on、S6 設成 on。

Running Current														
(A)	0.3	0.5	0.8	1	1.1	1.2	1.4	1.5	1.6	1.9	2	2.2	2.6	3
SW1	OFF	OFF	OFF	OFF	OFF	ON	OFF	ON	ON	ON	ON	ON	ON	ON
SW2	OFF	OFF	ON	ON	ON	OFF	ON	OFF	OFF	ON	OFF	ON	ON	ON
SW3	ON	ON	OFF	OFF	ON	OFF	ON	ON	OFF	OFF	ON	ON	OFF	ON
S1	ON	OFF	ON	OFF	ON	ON	OFF	ON	OFF	ON	OFF	ON	OFF	OFF

Stop Current	
	S2
20%	ON
50%	OFF

Excitation Mode		
Step	S3	S4
whole	OFF	OFF
half	ON	OFF
1/8	ON	ON
1/16	OFF	ON

Decay Setting		
	S5	S6
0%	OFF	OFF
25%	ON	OFF
50%	OFF	ON
100%	ON	ON

圖 66 TB6650 Dip Switch 設定表

所以我們改寫下列程式，將之上載到 Arduino 開發板之後，進行測試：

表 21 TB6650 步進馬達測試程式一

TB6650 步進馬達測試程式一(stepper11)

```
// Author :BruceTsao 2014.2.27

#define CLK_PIN 9
#define ENABLE_PIN 8
// #define RESET_PIN 11
#define CCW_PIN 10
void setup() {
  // Make all the pins OUTPUT and set them to LOW
  for (int i = 8 ; i <= 10 ; i++) {
    pinMode(i, OUTPUT);
    digitalWrite(i, LOW);
  }
  // This is the order according to the application notes
```

TB6650 步進馬達測試程式一(stepper11)

```
  //digitalWrite(RESET_PIN, HIGH);
  digitalWrite(ENABLE_PIN, HIGH);
}
int del = 500;
int counter = 0;
int dir = LOW;
void loop() {
  // Send out a clock signal. switch the direction bit every 2000 clocks.
  digitalWrite(CLK_PIN, HIGH);
  delayMicroseconds(del);
  digitalWrite(CLK_PIN, LOW);
  delayMicroseconds(del);
  counter++;
  if (counter >= (200*2)) {
    if (dir == LOW) {
      dir = HIGH;
      digitalWrite(CCW_PIN, dir);
      delay(1500);
    }
    else {
      dir = LOW;
      digitalWrite(CCW_PIN, dir);
      delay(1500);
  }
    counter = 0;
  }
}
```

執行上述程式後，可見到圖 67 測試結果，Arduino 開發板可以使用更簡單的方式，來控制步進馬達運轉，只要輸出不同的脈波數，則可以驅動步進馬達前進到該脈波數的步進角，對更複雜的程式會更加簡單攥寫程式，更加容易控制步進馬達運轉，進而驅動步進馬達正轉、逆轉、速度、步數等。

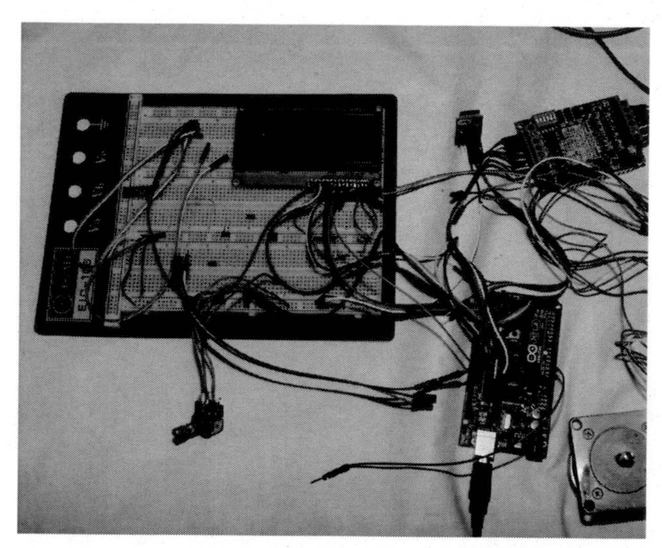

圖 67 TB6650 步進馬達測試程式一結果畫面

為了讓讀者可以更清楚了解，我們將驅動步驟轉成 PulseOut 的函式庫，所以我們改寫下列程式，將之上載到 Arduino 開發板之後，進行測試：

表 22 TB6650 步進馬達測試程式二

TB6650 步進馬達測試程式二(stepper12)

```
// Author :BruceTsao 2014.2.27
#define CLK_PIN 9
#define ENABLE_PIN 8
// #define RESET_PIN 11
#define CCW_PIN 10
void setup() {
  // Make all the pins OUTPUT and set them to LOW
  for (int i = 8 ; i <= 10 ; i++) {
     pinMode(i, OUTPUT);
     digitalWrite(i, LOW);
  }
  // This is the order according to the application notes
  //digitalWrite(RESET_PIN, HIGH);
  digitalWrite(ENABLE_PIN, HIGH);
```

TB6650 步進馬達測試程式二(stepper12)

```
}
int del = 800;
int counter = 0;
int dir = LOW;
void loop() {
  // Send out a clock signal. switch the direction bit every 2000 clocks.
 PulseOut(CLK_PIN, 200*2*2, del)      ;

      if (dir == LOW) {
         dir = HIGH;
         digitalWrite(CCW_PIN, dir);
         delay(1500);
      }
      else {
         dir = LOW;
         digitalWrite(CCW_PIN, dir);
         delay(1500);
   }



}

void PulseOut(int _pin,    unsigned int loopcounter , unsigned int    duration)
{
   int i = 0 ;
   for(i = 1 ;i<= loopcounter;i++)
   {
      digitalWrite(_pin, HIGH);
   delayMicroseconds(duration);
   digitalWrite(_pin, LOW);
   delayMicroseconds(duration);
   }

}
```

TB6650 步進馬達測試程式二(stepper12)

我們可以發現，執行上述程式後，仍可以見到圖 67 相同的測試結果，對於讀者可以使用 PulseOut 的函式庫來控制步進馬達運轉、正轉、逆轉、速度、步數等。

使用 AccelStepper 函式庫驅動步進馬達

對於 Arduino 開發板，其實已有許多完整的函式庫，可以讓我們容易的驅動步進馬達，Arduino 官方網站有介紹的 AccelStepper 函式庫，由於 Arduino 官方網站的函式庫並非最新版本，所以本書使用的 AccelStepper，乃是 Mike McCauley (mikem@airspayce.com) 在其 http://www.airspayce.com/mikem/arduino/AccelStepper/AccelStepper-1.39.zip 網站分享函式庫，讀者可以到 http://www.airspayce.com/mikem/arduino/AccelStepper/AccelStepper-1.39.zip 下載其函式庫，特感謝 Mike McCauley (mikem)網路分享提供。

所以我們根據 Mike McCauley 的範例，改寫下列程式，將之上載到 Arduino 開發板之後，進行測試：

表 23 AccelStepper 函式庫驅動步進馬達程式一

AccelStepper 函式庫驅動步進馬達程式一(stepper21)

```
// Author :BruceTsao 2014.2.27

#include <AccelStepper.h>
#define ClockPin 9
#define CWPin 10
#define MaxSpeed 400
#define AccSpeed 250
```

AccelStepper 函式庫驅動步進馬達程式一(stepper21)

```
#define PulseWidth 800
AccelStepper stepper1(AccelStepper::DRIVER ,ClockPin ,CWPin);
int MoveSteps = 4000 ;
void setup()
{
stepper1.setMaxSpeed(MaxSpeed);
stepper1.setAcceleration(AccSpeed);
stepper1.setMinPulseWidth(PulseWidth);
stepper1.moveTo(MoveSteps);

}
void loop()
{
// Change direction at the limits
if (stepper1.distanceToGo() == 0)
stepper1.moveTo(-stepper1.currentPosition());
stepper1.run();

}
```

執行上述程式後，可見到圖 68 測試結果，我們可以用 move (相對位置)或 move To(覺對位置)來控制步進馬達運轉到我想要的位置。

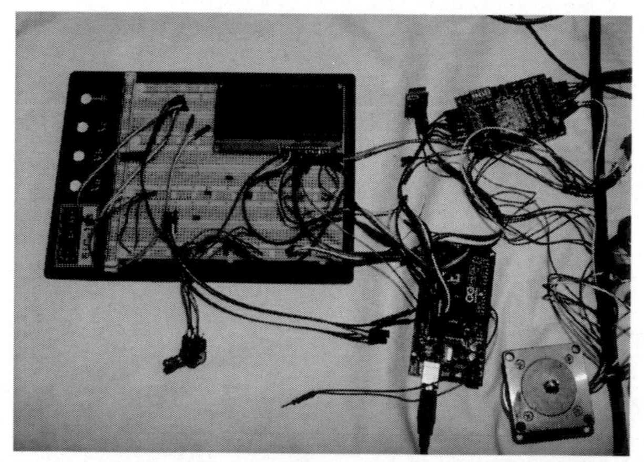

圖 68 AccelStepper 函式庫驅動步進馬達程式一結果畫面

AccelStepper 函式

本實驗會用到 AccelStepper Library，本書簡單介紹相關函式的簡單用法：

參考網址為：

http://www.airspayce.com/mikem/arduino/AccelStepper/classAccelStepper.html#a73bdecf1273d98d8c5fbcb764cabeea5ac3523e4cf6763ba518d16fec3708ef23

產生馬達控制物件

格式：AccelStepper mystepper(MotorInterfaceType, pinStep, pinDirection);

關於 MotorInterfaceType:

enum MotorInterfaceType {

FUNCTION = 0, DRIVER = 1, FULL2WIRE = 2, FULL3WIRE = 3,

FULL4WIRE = 4, HALF3WIRE = 6, HALF4WIRE = 8

}

有關於 MotorInterfaceType　Enumerator，列舉如下:

- FUNCTION：Use the functional interface, implementing your own driver functions (internal use only)
- DRIVER：Stepper Driver, 2 driver pins required.
- FULL2WIRE：2 wire stepper, 2 motor pins required
- FULL3WIRE：3 wire stepper, such as HDD spindle, 3 motor pins required
- FULL4WIRE：4 wire full stepper, 4 motor pins required
- HALF3WIRE：3 wire half stepper, such as HDD spindle, 3 motor pins required
- HALF4WIRE：4 wire half stepper, 4 motor pins required

有關於 Direction Enumerator，列舉如下:

- DIRECTION_CCW　：　Clockwise.
- DIRECTION_CW：Counter-Clockwise.

格式：AccelStepper::AccelStepper　(　uint8_t　interface　=　AccelStepper::FULL4WIRE,

```
uint8_t   pin1 = 2,
uint8_t   pin2 = 3,
uint8_t   pin3 = 4,
uint8_t   pin4 = 5,
bool   enable = true
)
```

參數(Parameters)介紹：

1. interface 參數(內容為 1, 2, 4 , 6 or 8)，建議使用 MotorInterfaceType 來設定。

   甲、第一個參數(AccelStepper::DRIVER)

   i. 內容為(1) ，則代表使用專用的步進馬達驅動器，如本書 TB6650 驅動器。

      當使用本參數，必須指定控制時脈腳位 ClockPin(pin1)與控制運轉方向腳位 DirectionPin(pin2)。

   ii. 內容為(2) ，則代表使用 H-Bridge 電路的方法來控制的步進馬達，使用方法必須告兩個接腳，個別輸出控制 TTL 訊號，就可以控制與驅動步進馬達.

   iii. 內容為(3) 為使用 H-Bridge 電路的方法來控制的三條接腳的馬達，使用方法必須告三個接腳，個別輸出控制 TTL 訊號，就可以控制三線的全步的步進馬達，如硬碟主軸馬達或無刷馬達

   iv. 內容為(4) 為使用達靈頓放大電晶體的方法來控制的步進馬達，使用方法必須告四個接腳，個輸出控制 TTL 訊號，就可以控制與驅動四線式全步的步進馬達。

   v. 內容為(6) 為使用 H-Bridge 電路的方法來控制的三條接腳的馬達，使用方法必須告三個接腳，個別輸出控制 TTL 訊號，就可以控制三線的半步的步進馬達，如硬碟主軸馬達或無刷馬達 。

   vi. 內容為(8) 為使用達靈頓放大電晶體的方法來控制的步進馬達，使用方法必須告四個接腳，個輸出控制 TTL 訊號，就可以控制與驅動四線式半步的步進馬達。.

2. 第一個控制腳位(pin1)：為控制時脈腳位 ClockPin(pin1)或 TTL 訊號腳位

3. 第二個控制腳位(pin2)：為控制運轉方向腳位 DirectionPin(pin2)或 TTL 訊號腳位

4. 第三個控制腳位(pin3)：TTL 訊號腳位

5. 第四個控制腳位(pin4)：TTL 訊號腳位

6. 當輸入 true，在創見物件時,會呼叫 enableOutpuys()

使用範例：

1.AccelStepper mystepper(1, pinStep, pinDirection);

格式：AccelStepper mystepper(1, 輸出脈波接腳, 控制方向接腳);

使用脈波控制的步進馬達驅動器的使用方法，必須告知輸出脈波接腳與控制方向接腳方能完整驅動。

2.AccelStepper mystepper(2, pinA, pinB);

格式：AccelStepper mystepper(2, 控制接腳一, 控制接腳二);

使用 H-Bridge 電路的方法來控制的步進馬達，使用方法必須告兩個接腳，個輸出控制 TTL 訊號，就可以控制與驅動步進馬達。

3.AccelStepper mystepper(4, pinA1, pinA2, pinB1, pinB2);

格式：AccelStepper mystepper(4, 控制腳一, 控制腳二, 控制腳三, 控制腳四);

使用達靈頓放大電晶體的方法來控制的步進馬達，使用方法必須告四個接腳，個輸出控制 TTL 訊號，就可以控制與驅動步進馬達。

設定步進馬達基本環境

void mystepper.setMaxSpeed(float speed);

設定最大速度，本值一定要大於零，為每秒最多的步數

範例：

```
// Blocking.pde
// -*- mode: C++ -*-
//
// Shows how to use the blocking call runToNewPosition
// Which sets a new target position and then waits until the stepper has
// achieved it.
//
// Copyright (C) 2009 Mike McCauley
// $Id: Blocking.pde,v 1.1 2011/01/05 01:51:01 mikem Exp mikem $
#include <AccelStepper.h>
// Define a stepper and the pins it will use
AccelStepper stepper; // Defaults to AccelStepper::FULL4WIRE (4 pins) on 2, 3, 4, 5
void setup()
{
stepper.setMaxSpeed(200.0);
stepper.setAcceleration(100.0);
}
void loop()
{
stepper.runToNewPosition(0);
stepper.runToNewPosition(500);
stepper.runToNewPosition(100);
stepper.runToNewPosition(120);
}
```

資料來源：http://www.airspayce.com/mikem/arduino/AccelStepper/Blocking_8pde-example.html#a1

```
// Bounce.pde
// -*- mode: C++ -*-
//
// Make a single stepper bounce from one limit to another
//
// Copyright (C) 2012 Mike McCauley
// $Id: Random.pde,v 1.1 2011/01/05 01:51:01 mikem Exp mikem $
#include <AccelStepper.h>
```

```
// Define a stepper and the pins it will use
AccelStepper stepper; // Defaults to AccelStepper::FULL4WIRE (4 pins) on 2, 3, 4, 5
void setup()
{
// Change these to suit your stepper if you want
stepper.setMaxSpeed(100);
stepper.setAcceleration(20);
stepper.moveTo(500);
}
void loop()
{
// If at the end of travel go to the other end
if (stepper.distanceToGo() == 0)
stepper.moveTo(-stepper.currentPosition());
stepper.run();
}
```

資料來源：http://www.airspayce.com/mikem/arduino/AccelStepper/Bounce_8pde-example.html#a1

```
// ConstantSpeed.pde
// -*- mode: C++ -*-
//
// Shows how to run AccelStepper in the simplest,
// fixed speed mode with no accelerations
/// \author Mike McCauley (mikem@airspayce.com)
// Copyright (C) 2009 Mike McCauley
// $Id: ConstantSpeed.pde,v 1.1 2011/01/05 01:51:01 mikem Exp mikem $
#include <AccelStepper.h>
AccelStepper stepper; // Defaults to AccelStepper::FULL4WIRE (4 pins) on 2, 3, 4, 5
void setup()
{
stepper.setMaxSpeed(1000);
stepper.setSpeed(50);
}
void loop()
{
stepper.runSpeed();
}
```

資料來源：http://www.airspayce.com/mikem/arduino/AccelStepper/ConstantSpeed_8pde-example.html#a1

```
// MultiStepper.pde
// -*- mode: C++ -*-
//
// Shows how to multiple simultaneous steppers
// Runs one stepper forwards and backwards, accelerating and decelerating
// at the limits. Runs other steppers at the same time
//
// Copyright (C) 2009 Mike McCauley
// $Id: MultiStepper.pde,v 1.1 2011/01/05 01:51:01 mikem Exp mikem $
#include <AccelStepper.h>
// Define some steppers and the pins the will use
AccelStepper stepper1; // Defaults to AccelStepper::FULL4WIRE (4 pins) on 2, 3, 4, 5
AccelStepper stepper2(AccelStepper::FULL4WIRE, 6, 7, 8, 9);
AccelStepper stepper3(AccelStepper::FULL2WIRE, 10, 11);
void setup()
{
stepper1.setMaxSpeed(200.0);
stepper1.setAccelcration(100.0);
stepper1.moveTo(24);
stepper2.setMaxSpeed(300.0);
stepper2.setAcceleration(100.0);
stepper2.moveTo(1000000);
stepper3.setMaxSpeed(300.0);
stepper3.setAcceleration(100.0);
stepper3.moveTo(1000000);
}
void loop()
{
// Change direction at the limits
if (stepper1.distanceToGo() == 0)
stepper1.moveTo(-stepper1.currentPosition());
stepper1.run();
stepper2.run();
stepper3.run();
}
```

```
```

資料來源：http://www.airspayce.com/mikem/arduino/AccelStepper/MultiStepper_8pde-example.html#a3

```
// Overshoot.pde
// -*- mode: C++ -*-
//
// Check overshoot handling
// which sets a new target position and then waits until the stepper has
// achieved it. This is used for testing the handling of overshoots
//
// Copyright (C) 2009 Mike McCauley
// $Id: Overshoot.pde,v 1.1 2011/01/05 01:51:01 mikem Exp mikem $
#include <AccelStepper.h>
// Define a stepper and the pins it will use
AccelStepper stepper; // Defaults to AccelStepper::FULL4WIRE (4 pins) on 2, 3, 4, 5
void setup()
{
stepper.setMaxSpeed(150);
stepper.setAcceleration(100);
}
void loop()
{
stepper.moveTo(500);
while (stepper.currentPosition() != 300) // Full speed up to 300
stepper.run();
stepper.runToNewPosition(0); // Cause an overshoot then back to 0
}
```

資料來源：http://www.airspayce.com/mikem/arduino/AccelStepper/Overshoot_8pde-example.html#a1

```
// Quickstop.pde
// -*- mode: C++ -*-
//
// Check stop handling.
// Calls stop() while the stepper is travelling at full speed, causing
// the stepper to stop as quickly as possible, within the constraints of the
```

```
// current acceleration.
//
// Copyright (C) 2012 Mike McCauley
// $Id: $
#include <AccelStepper.h>
// Define a stepper and the pins it will use
AccelStepper stepper; // Defaults to AccelStepper::FULL4WIRE (4 pins) on 2, 3, 4, 5
void setup()
{
stepper.setMaxSpeed(150);
stepper.setAcceleration(100);
}
void loop()
{
stepper.moveTo(500);
while (stepper.currentPosition() != 300) // Full speed up to 300
stepper.run();
stepper.stop(); // Stop as fast as possible: sets new target
stepper.runToPosition();
// Now stopped after quickstop
// Now go backwards
stepper.moveTo(-500);
while (stepper.currentPosition() != 0) // Full speed basck to 0
stepper.run();
stepper.stop(); // Stop as fast as possible: sets new target
stepper.runToPosition();
// Now stopped after quickstop
}
```

資料來源：http://www.airspayce.com/mikem/arduino/AccelStepper/Quickstop_8pde-example.html#a1

```
// Random.pde
// -*- mode: C++ -*-
//
// Make a single stepper perform random changes in speed, position and acceleration
//
// Copyright (C) 2009 Mike McCauley
// $Id: Random.pde,v 1.1 2011/01/05 01:51:01 mikem Exp mikem $
```

```
#include <AccelStepper.h>
// Define a stepper and the pins it will use
AccelStepper stepper; // Defaults to AccelStepper::FULL4WIRE (4 pins) on 2, 3, 4, 5
void setup()
{
}
void loop()
{
if (stepper.distanceToGo() == 0)
{
// Random change to speed, position and acceleration
// Make sure we dont get 0 speed or accelerations
delay(1000);
stepper.moveTo(rand() % 200);
stepper.setMaxSpeed((rand() % 200) + 1);
stepper.setAcceleration((rand() % 200) + 1);
}
stepper.run();
}
```

資料來源：http://www.airspayce.com/mikem/arduino/AccelStepper/Random_8pde-example.html#a3

void mystepper. setMinPulseWidth (unsigned int   minWidth);

設定最小脈波的寬度，一般最小約為 20 microseconds ，請依步進馬達規格設定。

```
void mystepper. setPinsInverted ( bool    pin1Invert,
  bool    pin2Invert,
  bool    pin3Invert,
  bool    pin4Invert,
  bool    enableInvert
 ) ;
```

設定控制腳位倒轉。

參數：

- bool　pin1Invert：　pin1Invert = True　：倒轉　，pin1Invert = True：正轉
- bool　pin2 Invert：　pin2Invert = True　：倒轉　，pin1Invert = True：正轉
- bool　pin3 Invert：　pin3Invert = True　：倒轉　，pin1Invert = True：正轉
- bool　pin4 Invert：　pin4Invert = True　：倒轉　，pin1Invert = True：正轉
- bool　enableInvert：設為 True 啟動倒轉腳位，　，設為 false 啟動正轉腳位

void mystepper. setSpeed (float　speed);

設定速度，本值一定要大於零，為每秒最多的步數，正值為正轉，負值為反轉，如設太大如 1000，不一定可以達到，太小如 0.000034，也是達不到。本函數需配合 runSpeed()運轉指令。

PS. 正值為正轉(順時針轉)，負值為反轉(逆時針轉)，用來控制順時針轉或逆時針轉。

範例：

```
// ConstantSpeed.pde
// -*- mode: C++ -*-
//
// Shows how to run AccelStepper in the simplest,
// fixed speed mode with no accelerations
/// \author Mike McCauley (mikem@airspayce.com)
// Copyright (C) 2009 Mike McCauley
// $Id: ConstantSpeed.pde,v 1.1 2011/01/05 01:51:01 mikem Exp mikem $
#include <AccelStepper.h>
AccelStepper stepper; // Defaults to AccelStepper::FULL4WIRE (4 pins) on 2, 3, 4, 5
void setup()
```

```
{
stepper.setMaxSpeed(1000);
stepper.setSpeed(50);
}
void loop()
{
stepper.runSpeed();
}
```

資料來源：http://www.airspayce.com/mikem/arduino/AccelStepper/ConstantSpeed_8pde-example.html#a1

```
// ProportionalControl.pde
// -*- mode: C++ -*-
//
// Make a single stepper follow the analog value read from a pot or whatever
// The stepper will move at a constant speed to each newly set posiiton,
// depending on the value of the pot.
//
// Copyright (C) 2012 Mike McCauley
// $Id: ProportionalControl.pde,v 1.1 2011/01/05 01:51:01 mikem Exp mikem $
#include <AccelStepper.h>
// Define a stepper and the pins it will use
AccelStepper stepper; // Defaults to AccelStepper::FULL4WIRE (4 pins) on 2, 3, 4, 5
// This defines the analog input pin for reading the control voltage
// Tested with a 10k linear pot between 5v and GND
#define ANALOG_IN A0
void setup()
{
stepper.setMaxSpeed(1000);
}
void loop()
{
// Read new position
int analog_in = analogRead(ANALOG_IN);
stepper.moveTo(analog_in);
stepper.setSpeed(100);
stepper.runSpeedToPosition();
}
```

資料來源：

http://www.airspayce.com/mikem/arduino/AccelStepper/ProportionalControl_8pde-example.html#a1

long mystepper. speed ();

取得目前設定速度。

long mystepper. targetPosition ();

取得目前設定目標位置的資料。

long mystepper. currentPosition ();

取得目前位置的資料。

範例：

```
// Bounce.pde
// -*- mode: C++ -*-
//
// Make a single stepper bounce from one limit to another
//
// Copyright (C) 2012 Mike McCauley
// $Id: Random.pde,v 1.1 2011/01/05 01:51:01 mikem Exp mikem $
#include <AccelStepper.h>
// Define a stepper and the pins it will use
AccelStepper stepper; // Defaults to AccelStepper::FULL4WIRE (4 pins) on 2, 3, 4, 5
void setup()
{
// Change these to suit your stepper if you want
stepper.setMaxSpeed(100);
stepper.setAcceleration(20);
stepper.moveTo(500);
}
void loop()
{
```

```
// If at the end of travel go to the other end
if (stepper.distanceToGo() == 0)
stepper.moveTo(-stepper.currentPosition());
stepper.run();
}
```

資料來源：http://www.airspayce.com/mikem/arduino/AccelStepper/Bounce_8pde-example.html#a1

```
// MultiStepper.pde
// -*- mode: C++ -*-
//
// Shows how to multiple simultaneous steppers
// Runs one stepper forwards and backwards, accelerating and decelerating
// at the limits. Runs other steppers at the same time
//
// Copyright (C) 2009 Mike McCauley
// $Id: MultiStepper.pde,v 1.1 2011/01/05 01:51:01 mikem Exp mikem $
#include <AccelStepper.h>
// Define some steppers and the pins the will use
AccelStepper stepper1; // Defaults to AccelStepper::FULL4WIRE (4 pins) on 2, 3, 4, 5
AccelStepper stepper2(AccelStepper::FULL4WIRE, 6, 7, 8, 9);
AccelStepper stepper3(AccelStepper::FULL2WIRE, 10, 11);
void setup()
{
stepper1.setMaxSpeed(200.0);
stepper1.setAcceleration(100.0);
stepper1.moveTo(24);
stepper2.setMaxSpeed(300.0);
stepper2.setAcceleration(100.0);
stepper2.moveTo(1000000);
stepper3.setMaxSpeed(300.0);
stepper3.setAcceleration(100.0);
stepper3.moveTo(1000000);
}
void loop()
{
// Change direction at the limits
if (stepper1.distanceToGo() == 0)
```

```
stepper1.moveTo(-stepper1.currentPosition());
stepper1.run();
stepper2.run();
stepper3.run();
}
```

資料來源：http://www.airspayce.com/mikem/arduino/AccelStepper/MultiStepper_8pde-example.html#a3

```
// Overshoot.pde
// -*- mode: C++ -*-
//
// Check overshoot handling
// which sets a new target position and then waits until the stepper has
// achieved it. This is used for testing the handling of overshoots
//
// Copyright (C) 2009 Mike McCauley
// $Id: Overshoot.pde,v 1.1 2011/01/05 01:51:01 mikem Exp mikem $
#include <AccelStepper.h>
// Define a stepper and the pins it will use
AccelStepper stepper; // Defaults to AccelStepper::FULL4WIRE (4 pins) on 2, 3, 4, 5
void setup()
{
stepper.setMaxSpeed(150);
stepper.setAcceleration(100);
}
void loop()
{
stepper.moveTo(500);
while (stepper.currentPosition() != 300) // Full speed up to 300
stepper.run();
stepper.runToNewPosition(0); // Cause an overshoot then back to 0
}
```

資料來源：http://www.airspayce.com/mikem/arduino/AccelStepper/Overshoot_8pde-example.html#a1

```
// Quickstop.pde
```

```
// -*- mode: C++ -*-
//
// Check stop handling.
// Calls stop() while the stepper is travelling at full speed, causing
// the stepper to stop as quickly as possible, within the constraints of the
// current acceleration.
//
// Copyright (C) 2012 Mike McCauley
// $Id: $
#include <AccelStepper.h>
// Define a stepper and the pins it will use
AccelStepper stepper; // Defaults to AccelStepper::FULL4WIRE (4 pins) on 2, 3, 4, 5
void setup()
{
stepper.setMaxSpeed(150);
stepper.setAcceleration(100);
}
void loop()
{
stepper.moveTo(500);
while (stepper.currentPosition() != 300) // Full speed up to 300
stepper.run();
stepper.stop(); // Stop as fast as possible: sets new target
stepper.runToPosition();
// Now stopped after quickstop
// Now go backwards
stepper.moveTo(-500);
while (stepper.currentPosition() != 0) // Full speed basck to 0
stepper.run();
stepper.stop(); // Stop as fast as possible: sets new target
stepper.runToPosition();
// Now stopped after quickstop
}
```

資料來源：http://www.airspayce.com/mikem/arduino/AccelStepper/Quickstop_8pde-example.html#a1

long mystepper. distanceToGo ();

取得目前設定目標位置距設定目地位置的差距值的資料。就是 targetPosition () - currentPosition ()的值，用來控制還有多少步數可以到達設定位置。

範例：

```
// Bounce.pde
// -*- mode: C++ -*-
//
// Make a single stepper bounce from one limit to another
//
// Copyright (C) 2012 Mike McCauley
// $Id: Random.pde,v 1.1 2011/01/05 01:51:01 mikem Exp mikem $
#include <AccelStepper.h>
// Define a stepper and the pins it will use
AccelStepper stepper; // Defaults to AccelStepper::FULL4WIRE (4 pins) on 2, 3, 4, 5
void setup()
{
// Change these to suit your stepper if you want
stepper.setMaxSpeed(100);
stepper.setAcceleration(20);
stepper.moveTo(500);
}
void loop()
{
// If at the end of travel go to the other end
if (stepper.distanceToGo() == 0)
stepper.moveTo(-stepper.currentPosition());
stepper.run();
}
```

資料來源：http://www.airspayce.com/mikem/arduino/AccelStepper/Bounce_8pde-example.html#a1

```
// MultiStepper.pde
// -*- mode: C++ -*-
//
// Shows how to multiple simultaneous steppers
// Runs one stepper forwards and backwards, accelerating and decelerating
```

```
// at the limits. Runs other steppers at the same time
//
// Copyright (C) 2009 Mike McCauley
// $Id: MultiStepper.pde,v 1.1 2011/01/05 01:51:01 mikem Exp mikem $
#include <AccelStepper.h>
// Define some steppers and the pins the will use
AccelStepper stepper1; // Defaults to AccelStepper::FULL4WIRE (4 pins) on 2, 3, 4, 5
AccelStepper stepper2(AccelStepper::FULL4WIRE, 6, 7, 8, 9);
AccelStepper stepper3(AccelStepper::FULL2WIRE, 10, 11);
void setup()
{
stepper1.setMaxSpeed(200.0);
stepper1.setAcceleration(100.0);
stepper1.moveTo(24);
stepper2.setMaxSpeed(300.0);
stepper2.setAcceleration(100.0);
stepper2.moveTo(1000000);
stepper3.setMaxSpeed(300.0);
stepper3.setAcceleration(100.0);
stepper3.moveTo(1000000);
}
void loop()
{
// Change direction at the limits
if (stepper1.distanceToGo() == 0)
stepper1.moveTo(-stepper1.currentPosition());
stepper1.run();
stepper2.run();
stepper3.run();
}
```

資料來源：http://www.airspayce.com/mikem/arduino/AccelStepper/MultiStepper_8pde-example.html#a3

```
// Random.pde
// -*- mode: C++ -*-
//
// Make a single stepper perform random changes in speed, position and acceleration
```

```
//
// Copyright (C) 2009 Mike McCauley
// $Id: Random.pde,v 1.1 2011/01/05 01:51:01 mikem Exp mikem $
#include <AccelStepper.h>
// Define a stepper and the pins it will use
AccelStepper stepper; // Defaults to AccelStepper::FULL4WIRE (4 pins) on 2, 3, 4, 5
void setup()
{
}
void loop()
{
if (stepper.distanceToGo() == 0)
{
// Random change to speed, position and acceleration
// Make sure we dont get 0 speed or accelerations
delay(1000);
stepper.moveTo(rand() % 200);
stepper.setMaxSpeed((rand() % 200) + 1);
stepper.setAcceleration((rand() % 200) + 1);
}
stepper.run();
}
```

資料來源：http://www.airspayce.com/mikem/arduino/AccelStepper/Random_8pde-example.html#a3

步進馬達基本控制

void mystepper. setCurrentPosition (setCurrentPosition);

設定目前步進馬達的位置為絕對位置的起始原點，在設定同時也會使步進馬達的速度為零。

void mystepper.moveTo(long absolute);

移動步進馬達到指定位置(絕對位置)，再設定步進馬達到指定位置(絕對位置)之後，實際啟動馬達必需等到使用 run()函式後，步進馬達到才會真的移動。

void mystepper.move(long relative);

移動步進馬達到指定位置(相對位置)，再設定步進馬達到指定位置(相對位置)之後，實際啟動馬達必需等到使用 run()函式後，步進馬達到才會真的移動。

boolean mystepper.run();

執行步進馬達設定位置的指令(絕對位置與相對位置都通用)。一般使用 move()或 moveTo()都必需等到使用 run()函式後，才會真的實際啟動步進馬達使步進馬達到移動。

PS.本指令會受到 setAcceleration (float acceleration)加速度影響，會在開始加速到 setSpeed(速度值)得速度值運轉，並會在接近設定目標位置前，受到 setAcceleration (float acceleration)加速度影響，會在開始減速到零，並剛好到設定目標位置。(梯型加減速)

boolean mystepper. runSpeed ();

以 setSpeed(速度值)的速度執行步進馬達運轉，並不會到設定位置就會停止，而是會一直轉動。

boolean mystepper. runSpeedToPosition ();

以 setSpeed(速度值)的速度執行步進馬達運轉，到步進馬達設定位置就會停止轉動。

boolean mystepper. runToPosition ();

以 setSpeed(速度值)的速度執行步進馬達運轉，驅動步進馬達設定位置的指令(絕對位置與相對位置都通用)。一般使用 move()或 moveTo()都必需等到使用 run()

函式後，才會真的實際啟動步進馬達使步進馬達到移動。

boolean mystepper. runToNewPosition (long position);

以 setSpeed(速度值)的速度執行步進馬達運轉，到 position 設定位置就會停止轉動。

範例：

```
// Bounce.pde
// -*- mode: C++ -*-
//
// Make a single stepper bounce from one limit to another
//
// Copyright (C) 2012 Mike McCauley
// $Id: Random.pde,v 1.1 2011/01/05 01:51:01 mikem Exp mikem $
#include <AccelStepper.h>
// Define a stepper and the pins it will use
AccelStepper stepper; // Defaults to AccelStepper::FULL4WIRE (4 pins) on 2, 3, 4, 5
void setup()
{
// Change these to suit your stepper if you want
stepper.setMaxSpeed(100);
stepper.setAcceleration(20);
stepper.moveTo(500);
}
void loop()
{
// If at the end of travel go to the other end
if (stepper.distanceToGo() == 0)
stepper.moveTo(-stepper.currentPosition());
stepper.run();
}
```

資料來源：http://www.airspayce.com/mikem/arduino/AccelStepper/Bounce_8pde-example.html#a1

```
// MultiStepper.pde
// -*- mode: C++ -*-
//
// Shows how to multiple simultaneous steppers
// Runs one stepper forwards and backwards, accelerating and decelerating
// at the limits. Runs other steppers at the same time
//
// Copyright (C) 2009 Mike McCauley
// $Id: MultiStepper.pde,v 1.1 2011/01/05 01:51:01 mikem Exp mikem $
#include <AccelStepper.h>
// Define some steppers and the pins the will use
AccelStepper stepper1; // Defaults to AccelStepper::FULL4WIRE (4 pins) on 2, 3, 4, 5
AccelStepper stepper2(AccelStepper::FULL4WIRE, 6, 7, 8, 9);
AccelStepper stepper3(AccelStepper::FULL2WIRE, 10, 11);
void setup()
{
stepper1.setMaxSpeed(200.0);
stepper1.setAcceleration(100.0);
stepper1.moveTo(24);
stepper2.setMaxSpeed(300.0);
stepper2.setAcceleration(100.0);
stepper2.moveTo(1000000);
stepper3.setMaxSpeed(300.0);
stepper3.setAcceleration(100.0);
stepper3.moveTo(1000000);
}
void loop()
{
// Change direction at the limits
if (stepper1.distanceToGo() == 0)
stepper1.moveTo(-stepper1.currentPosition());
stepper1.run();
stepper2.run();
stepper3.run();
}
```

資料來源：http://www.airspayce.com/mikem/arduino/AccelStepper/MultiStepper_8pde-example.html#a3

```
// Overshoot.pde
// -*- mode: C++ -*-
//
// Check overshoot handling
// which sets a new target position and then waits until the stepper has
// achieved it. This is used for testing the handling of overshoots
//
// Copyright (C) 2009 Mike McCauley
// $Id: Overshoot.pde,v 1.1 2011/01/05 01:51:01 mikem Exp mikem $
#include <AccelStepper.h>
// Define a stepper and the pins it will use
AccelStepper stepper; // Defaults to AccelStepper::FULL4WIRE (4 pins) on 2, 3, 4, 5
void setup()
{
stepper.setMaxSpeed(150);
stepper.setAcceleration(100);
}
void loop()
{
stepper.moveTo(500);
while (stepper.currentPosition() != 300) // Full speed up to 300
stepper.run();
stepper.runToNewPosition(0); // Cause an overshoot then back to 0
}
```

資料來源：http://www.airspayce.com/mikem/arduino/AccelStepper/ AccelStepper_8pde-example.html#a1

```
// Quickstop.pde
// -*- mode: C++ -*-
//
// Check stop handling.
// Calls stop() while the stepper is travelling at full speed, causing
// the stepper to stop as quickly as possible, within the constraints of the
// current acceleration.
//
// Copyright (C) 2012 Mike McCauley
```

```
// $Id: $
#include <AccelStepper.h>
// Define a stepper and the pins it will use
AccelStepper stepper; // Defaults to AccelStepper::FULL4WIRE (4 pins) on 2, 3, 4, 5
void setup()
{
stepper.setMaxSpeed(150);
stepper.setAcceleration(100);
}
void loop()
{
stepper.moveTo(500);
while (stepper.currentPosition() != 300) // Full speed up to 300
stepper.run();
stepper.stop(); // Stop as fast as possible: sets new target
stepper.runToPosition();
// Now stopped after quickstop
// Now go backwards
stepper.moveTo(-500);
while (stepper.currentPosition() != 0) // Full speed basck to 0
stepper.run();
stepper.stop(); // Stop as fast as possible: sets new target
stepper.runToPosition();
// Now stopped after quickstop
}
```

資料來源：http://www.airspayce.com/mikem/arduino/AccelStepper/Quickstop_8pde-example.html#a1

```
// Random.pde
// -*- mode: C++ -*-
//
// Make a single stepper perform random changes in speed, position and acceleration
//
// Copyright (C) 2009 Mike McCauley
// $Id: Random.pde,v 1.1 2011/01/05 01:51:01 mikem Exp mikem $
#include <AccelStepper.h>
// Define a stepper and the pins it will use
AccelStepper stepper; // Defaults to AccelStepper::FULL4WIRE (4 pins) on 2, 3, 4, 5
```

```
void setup()
{
}
void loop()
{
if (stepper.distanceToGo() == 0)
{
// Random change to speed, position and acceleration
// Make sure we dont get 0 speed or accelerations
delay(1000);
stepper.moveTo(rand() % 200);
stepper.setMaxSpeed((rand() % 200) + 1);
stepper.setAcceleration((rand() % 200) + 1);
}
stepper.run();
}
```

資料來源：http://www.airspayce.com/mikem/arduino/AccelStepper/Random_8pde-example.html#a3

void mystepper. stop ();

停止馬達轉動。

範例：

```
// Quickstop.pde
// -*- mode: C++ -*-
//
// Check stop handling.
// Calls stop() while the stepper is travelling at full speed, causing
// the stepper to stop as quickly as possible, within the constraints of the
// current acceleration.
//
// Copyright (C) 2012 Mike McCauley
// $Id: $
#include <AccelStepper.h>
// Define a stepper and the pins it will use
AccelStepper stepper; // Defaults to AccelStepper::FULL4WIRE (4 pins) on 2, 3, 4, 5
void setup()
```

```
{
stepper.setMaxSpeed(150);
stepper.setAcceleration(100);
}
void loop()
{
stepper.moveTo(500);
while (stepper.currentPosition() != 300) // Full speed up to 300
stepper.run();
stepper.stop(); // Stop as fast as possible: sets new target
stepper.runToPosition();
// Now stopped after quickstop
// Now go backwards
stepper.moveTo(-500);
while (stepper.currentPosition() != 0) // Full speed basck to 0
stepper.run();
stepper.stop(); // Stop as fast as possible: sets new target
stepper.runToPosition();
// Now stopped after quickstop
}
```

資料來源：http://www.airspayce.com/mikem/arduino/AccelStepper/Quickstop_8pde-example.html#a1

章節小結

本章主要是介紹讀者，透過步進馬達驅動模組的介紹，並教導讀者如何使用步進馬達驅動模組來驅動步進馬達運轉，有感興趣的讀者可以到網路購買相關的模組，自行修改程式增強功力。

10
CHAPTER

整合列表機

為了讓讀者更能了解如何控制步進馬達，本書參考『Arduino 雙軸直流馬達控制(Two Axis DC-Motors Control Based on the Printer by Arduino Technology)』(曹永忠 et al., 2013)的作法，讓一台以步進馬達為動力來源的列表機動起來，並能精準的控制它運轉。所以本章主要介紹如何引入『步進馬達精確控制』的功能，並加入到本書實驗之中，進而讓列表機動起來。

列表機動起來

首先我們先依照表 24 之接腳表，將 TB6560 步進馬達驅動器連接到列表機噴頭馬達與 Arduino 開發板，先讓列表機動起來。

表 24 整合 TB6560 步進馬達驅動器之列表機與 Arduoino 開發板接腳表

TB6650 輸出端	**Arduino 開發板接腳**	**解說**
A+	步進馬達 A	列表機噴頭馬達 步進馬達控制線
A-	步進馬達 B	
B+	步進馬達 $\overline{A}$	
B-	步進馬達 $\overline{B}$	
+24V	外部電源+12V	步進馬達電力來源
GND	外部電源 GND	
TB6650 輸入端	**Arduino 開發板接腳**	**解說**
CLK+	Arduino pin 9	步進馬達控制線

CLK -	Arduino pin Gnd	
CW+	Arduino pin 10	
CW-	Arduino pin Gnd	
EN+	Arduino +5V	步進馬達電力來源
EN-	Arduino pin Gnd	

我們依據上面的線路與需求，攥寫下列程式，並上載到 Arduino 開發版的 Sketch 之中，編譯完成後，燒錄上傳到 Arduino 開發版進行測試。

列表機噴頭馬達測試程式一(stepper31)

```
// Author :BruceTsao 2014.3.6

#include <AccelStepper.h>
#define ClockPin 9          // output pin to control Pulse
#define CWPin 10            // Control Motor direction : Clcokwise or CounterClockwise
int MaxSpeed = 600 ;     // max speed of motor
int RunSpeed =    500 ;     //    speed of motor
int    AccSpeed = 250     ; // accelerate for motor
int    PulseWidth = 800    ;    // pulse width for each pulse
int    shiftsteps = 100    ;//    move motor back when init to avoid motor collision
int microsteps = 1;
int revolution = 200;
double    ratio = 2;

AccelStepper stepper1(AccelStepper::DRIVER ,ClockPin ,CWPin);
// THis init Stepper Motor object for use
int MoveSteps = 4000 ;
void setup()
{
   Serial.begin(9600);
initcontroller();
```

列表機噴頭馬達測試程式一(stepper31)

```
}
void loop()
{
// Change direction at the limits
//motor1run(15,true);
//motor1run(15,false);

stepper1.runSpeed();
}

void initcontroller()
{
stepper1.setMaxSpeed(MaxSpeed);        // set Max Speed of Motor
//stepper1.setAcceleration(AccSpeed);   // Set Accelerate speed of motor
//stepper1.sctMinPulseWidth(PulseWidth);        //set Pulse width
stepper1.setSpeed(RunSpeed);
Serial.println(MaxSpeed);
Serial.println(RunSpeed);
stepper1.runSpeed();
}

void initmotor()
{
stepper1.move(shiftsteps);
// this avoid motor to hit
}
void motor1run(long distance, boolean way)
{
  int tway = 1 ;
  if (way )
  {
    tway = 1 ;
  }
  else
  {
    tway = -1 ;
```

列表機噴頭馬達測試程式一(stepper31)

```
  }


  long motorsteps= 0 ;
  motorsteps = distance * ratio * revolution * microsteps *tway   ;
  stepper1.move(motorsteps);
}
```

依圖 69 所示，噴墨列表機之噴墨頭可以行進之後，但是，這樣對步進馬達的控制不夠好，因為在不失步之下，步進馬達的精準度是非常高的，所以我們必需加以改善這個情形。

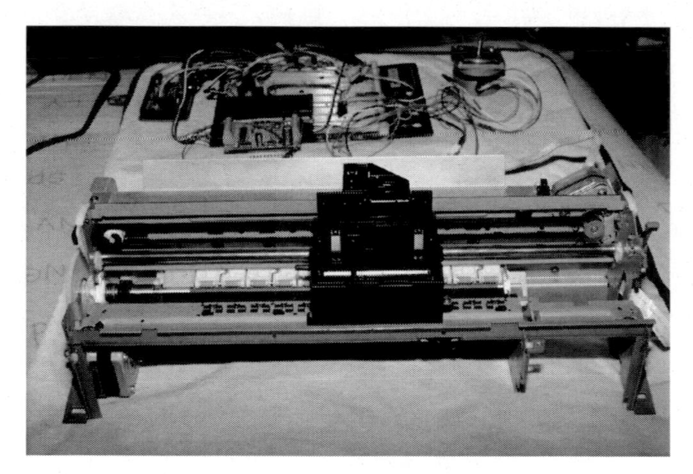

圖 69 列表機噴墨頭行進圖

加入極限開關偵測之列表機控制

由『極限偵測』、『光遮斷器』(曹永忠 et al., 2013)一章之中，我們了解到了的基本電路後，我們可以了解，透過『極限開關』與『光遮斷器』等感測器可以獲知相接觸某點，行動中的物體在觸動極限開關或遮避光遮斷器可以準確知道行動中的物體到達某一特定點，透過這樣的特性，要介紹如何將它應用到馬達的控制之中。

一般說來，首先我們使用極限開關(Limit Switch)大部份用來當作邊界感測器，如圖 70 所示，由於一般列表機本身就有使用光遮斷器當成位置感測器，所以我們並不需要另外自行裝置。

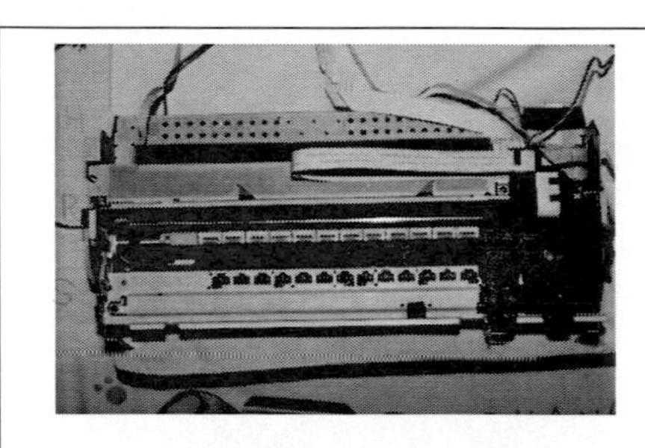	
(a).噴墨頭橫向移動	(b). 噴墨頭橫桿下方之光遮斷器

圖 70 噴墨頭右邊界之光遮斷器感測器

我們發現，本書實驗用噴墨列表機，原本機構上(如圖 70.(a))，本身在右邊界就裝置有『光遮斷器感測器』(如圖 70.(b))，但是機構上(如圖 70.(a))『光遮斷器感測器』只有一個，無法來作原點設定感知器。

在『極限偵測』(曹永忠 et al., 2013)一章中，我們在極限開關實驗中，將左極限開關裝入圖 71.(a)之中，另外一顆右極限開關裝入圖 71.(b)圖之中，完成極限開關的實體設置，如此一來，在列表機噴墨頭左右行進之間，可以確認定位到左邊與右邊的位置。

(a).左邊界極限開關

(b). 右邊界極限開關

圖 71 左右邊界極限開關

接下來，參考表 25 的接腳表，將圖 72 的線路組裝出來，主要就是在噴墨頭驅動步進馬達在左右行進之中，若往前(代表向右)，碰到右極限開關後，則步進馬達改變方向，往另一個方向行進：往後退行進(代表向左)，碰到左極限開關後，則步進馬達在改變方向，再往前(代表向右)行進，如此右、左、右、左、反覆不已，如同噴墨列表機在列印時的噴頭驅動方式一樣。

表 25 整合光遮斷器之列表機與 Arduoino 開發板接腳表

TB6650 輸出端	**Arduino 開發板接腳**	**解說**
A+	步進馬達 A	列表機噴頭馬達 步進馬達控制線
A-	步進馬達 B	
B+	步進馬達 $\overline{A}$	
B-	步進馬達 $\overline{B}$	
+24V	外部電源+12V	步進馬達電力來源
GND	外部電源 GND	
TB6650 輸入端	**Arduino 開發板接腳**	**解說**
CLK+	Arduino pin 9	步進馬達控制線
CLK -	Arduino pin Gnd	
CW+	Arduino pin 10	
CW-	Arduino pin Gnd	
EN+	可不接	TB6650 動作開啟關閉

EN-	可不接	
列表機進紙偵測	Arduino 開發板接腳	解說
+5V	Arduino pin 5V	5V 陽極接點
GND	Arduino pin Gnd	共地接點
左邊界極限開關	Arduino pin 4	極限開關
右邊界極限開關	Arduino pin 3	

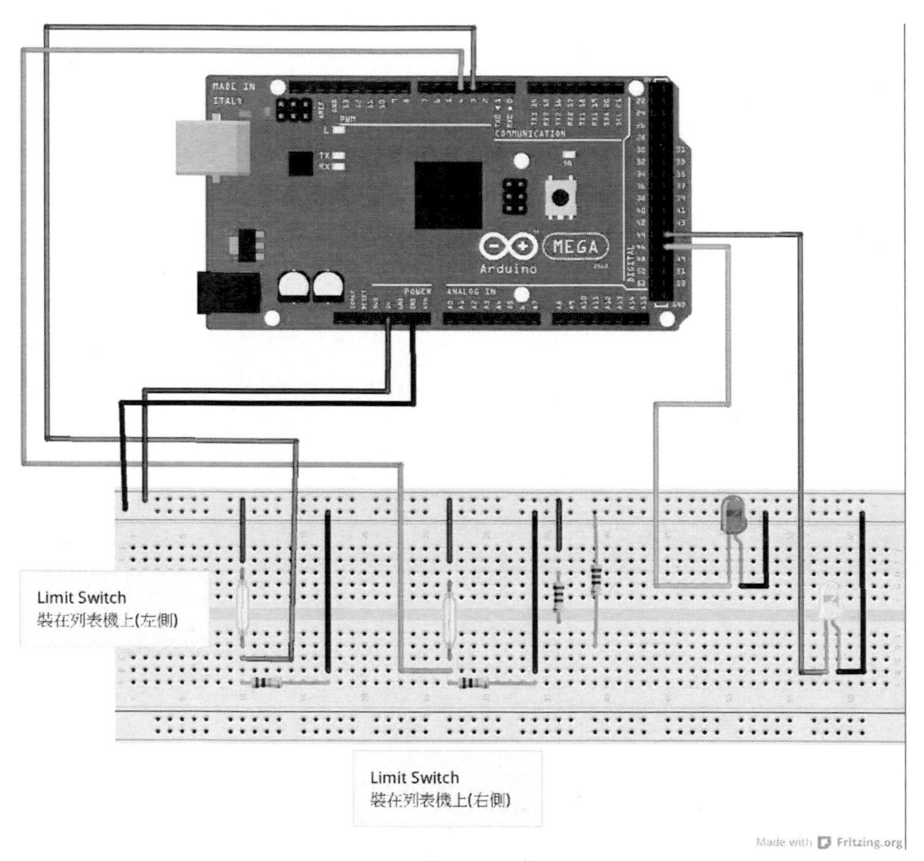

圖 72 整合極限開關偵測之列表機控制實驗

使用工具 by Fritzing (Fritzing.org., 2013)

我們依據上面的線路與需求，攥寫下列程式，並上載到 Arduino 開發版的 Sketch 之中，編譯完成後，燒入 Arduino 開發版進行測試。

列表機噴頭馬達測試程式一(stepper32)

```
// Author :BruceTsao 2014.3.6

#include <AccelStepper.h>
#define ClockPin 9          // output pin to control Pulse
#define CWPin 10              // Control Motor direction : Clcokwise or CounterClockwise
#define leftSwitchpin 4
#define rightSwitchpin 3

int MaxSpeed = 600 ;      // max speed of motor
int RunSpeed =    500 ;      //    speed of motor
int    AccSpeed = 250      ; // accelerate for motor
int    PulseWidth = 800    ;    // pulse width for each pulse
int    shiftsteps = 100    ;//    move motor back when init to avoid motor collision
int microsteps = 1;
int revolution = 200;
double    ratio = 2;
int Motor1direction = 1 ;



AccelStepper stepper1(AccelStepper::DRIVER ,ClockPin ,CWPin);
// THis init Stepper Motor object for use
int MoveSteps = 400000 ;
void setup()
{
initall();
initcontroller();


}
void loop()
{
// Change direction at the limits
//motor1run(15,true);
//motor1run(15,false);
```

列表機噴頭馬達測試程式一(stepper32)

```
if (Motor1direction == 1)
stepper1.setSpeed(RunSpeed) ;
else
stepper1.setSpeed(-RunSpeed);

//stepper1.setSpeed(RunSpeed);

    if (checkLeft())
      {
        if (Motor1direction == 2)
        {
              Serial.println("Hit left ");
              Serial.print("direction =    ");
              Serial.println(Motor1direction);
              Motor1direction = 1;
        }
      }
    if (checkRight())
      {
        if (Motor1direction == 1)
        {
              Serial.println("Hit Right ");
             Serial.print("direction =    ");
              Serial.println(Motor1direction);
              Motor1direction = 2;
        }
      }

stepper1.runSpeed();
delayMicroseconds(600);
}
void initall()
{
   pinMode(ClockPin,OUTPUT) ;
```

列表機噴頭馬達測試程式一(stepper32)

```
  pinMode(CWPin,OUTPUT) ;

   // init motor direction Led output
   pinMode(leftSwitchpin,INPUT);
   pinMode(rightSwitchpin,INPUT);

  Serial.begin(9600);

}
void initcontroller()
{
stepper1.setMaxSpeed(MaxSpeed);        // set Max Speed of Motor
//stepper1.setAcceleration(AccSpeed);   // Set Accelerate speed of motor
//stepper1.setMinPulseWidth(PulseWidth);        //set Pulse width
stepper1.setSpeed(RunSpeed);
Serial.println(MaxSpeed);
Serial.println(RunSpeed);
//stepper1.runSpeed();
}

void initmotor()
{
stepper1.move(shiftsteps);
// this avoid motor to hit
}
void motor1run(long distance, boolean way)
{
  int tway = 1 ;
  if (way )
  {
    tway = 1 ;
  }
  else
  {
    tway = -1 ;
  }
```

列表機噴頭馬達測試程式一(stepper32)

```
  long motorsteps= 0 ;
  motorsteps = distance * ratio * revolution * microsteps *tway   ;
  stepper1.move(motorsteps);
}

boolean checkLeft()
{
  boolean tmp = false ;
  if (digitalRead(leftSwitchpin) == HIGH)
  {
      tmp = true   ;
  }
  else
  {
      tmp = false   ;
  }
  return (tmp) ;
}
boolean checkRight()
{
  boolean tmp = false ;
  if (digitalRead(rightSwitchpin) == HIGH)
  {
      tmp = true   ;
  }
  else
  {
      tmp = false   ;
  }
  return (tmp) ;
}
```

我們可以見到圖 73 所示，可以行進之後，碰觸右極限開關與左極限開關後可以改變行進方向，可以見到噴墨列表機之步進馬達驅動噴墨頭反覆左右來回的行進。

圖 73 噴墨列表機噴墨頭來回行進圖

零點定位之列表機控制

我們了解到了上節的內容後，其了解極限開關的基本電路後，若讀者對極限開關(Limit Switch)仍有不了解之處，請參考『極限開關』一章中，對於極限開關(Limit Switch)的介紹的相關章節。

基本上，本實驗使用的噴列列表機是使用步進馬達推動的，在噴墨頭驅動部份，我們為了定位所致，將裝設極限開關，如圖 71 所示：圖 71.(a)為左邊界極限開關模組，圖 71.(b)為右邊界極限開關模組，透過上述模組來定位。

接下來，參考表 25 的接腳表，將圖 72 的線路組裝出來，本次實驗主要是將噴墨列表機啟動時，將列印噴頭驅動到最左邊的位置，為回歸列印零點。

我們為了了解列表機的機械動作。所以本研究參考圖 74 零點定位流程圖，其步驟如下：

1. 利用 initcontroller()函數設定硬體與接腳設定。
2. 使用 checkLeft()來檢查檢查左邊界極限開關值，如果為 true，則驅動噴墨頭步進馬達停止。

3. 若 checkLeft()左邊界極限開關值，如果為 false，則驅動噴墨頭步進馬達左前進(原點方向)，並不斷使用 checkLeft()來檢查檢查左邊界極限開關值，直到為 true，則驅動噴墨頭步進馬達停止。

4. 噴墨頭步進馬達到達左邊界原點後，使用 stop()函數使噴墨頭步進馬達停止。

5. 噴墨頭步進馬達到達左邊界原點後，使用 **setCurrentPosition** (0)函數將位置設為零。

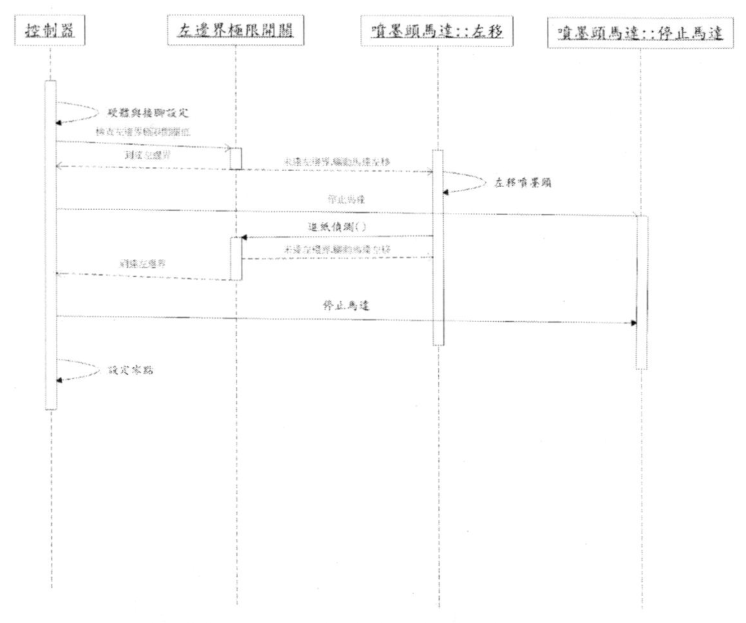

圖 74 列表機零點定位流程圖

我們了解圖 74 零點定位流程圖之後，再將之轉化成程式需求，攥寫下列程式，並上載到 Arduino 開發版的 Sketch 之中，編譯完成後，燒入 Arduino 開發版進行測試。

列表機噴頭馬達測試程式二(stepper33)

```
// Author :BruceTsao 2014.3.6

#include <AccelStepper.h>
#define ClockPin 9          // output pin to control Pulse
#define CWPin 10             // Control Motor direcsetSpeedtion : Clcokwise or
CounterClockwise
#define leftSwitchpin 4
#define rightSwitchpin 3

int MaxSpeed = 600 ;     // max speed of motor
int RunSpeed =   500 ;     //   speed of motor
int   AccSpeed = 250     ; // accelerate for motor
int   PulseWidth = 800   ;   // pulse width for each pulse
int   shiftsteps = 100   ;//   move motor back when init to avoid motor collision
int microsteps = 1;
int revolution = 200;
double   ratio = 2;
int Motor1direction = 1 ;
int rundelay = 100 ;


AccelStepper stepper1(AccelStepper::DRIVER ,ClockPin ,CWPin);
// THis init Stepper Motor object for use
int MoveSteps = 400000 ;
void setup()
{
initall();
initcontroller();
//initmotor();
initmotor();
//stepper1.moveTo(200);
//stepper1.runSpeedToPosition();
//stepper1.run();
```

列表機噴頭馬達測試程式二(stepper33)

```
//motor1run(50000,2);
//motor1steps(50000,2);
//motor1Return();
}
void loop()
{
  /*
stepper1.run();
// Change direction at the limits
//motor1run(15,true);
//motor1run(15,false);
      stepper1.runSpeedToPosition();
            Serial.print("Now pos:(");
            Serial.print(stepper1.distanceToGo());
            Serial.println(")");
   //   stepper1.move(100);
  //    stepper1.runSpeed();
//   stepper1.run();
   //   stepper1.move(-100);
  //    stepper1.runSpeed();
  // stepper1.run();


//stepper1.setSpeed(RunSpeed);




*/
//stepper1.runSpeed();
//delayMicroseconds(600);
}
void initall()
{
   pinMode(ClockPin,OUTPUT) ;
   pinMode(CWPin,OUTPUT) ;
```

列表機噴頭馬達測試程式二(stepper33)

```
    // init motor direction Led output
    pinMode(leftSwitchpin,INPUT);
    pinMode(rightSwitchpin,INPUT);

  Serial.begin(9600);

}
void initcontroller()
{
stepper1.setMaxSpeed(MaxSpeed);        // set Max Speed of Motor
stepper1.setAcceleration(AccSpeed);   // Set Accelerate speed of motor
stepper1.setMinPulseWidth(PulseWidth);        //set Pulse width
stepper1.setSpeed(RunSpeed);
Serial.println(MaxSpeed);
Serial.println(RunSpeed);
//stepper1.runSpeed();
stepper1.setCurrentPosition(0);
}

void initmotor()
{
  if (!checkLeft())
  {
//      stepper1.move(-10) ;
     Serial.println("not in Zero pos");
     motor1run(RunSpeed,2) ;
        while (!checkLeft())
        {
           // stepper1.move(-10) ;
           //   stepper1.move(100);
                stepper1.runSpeed();
            // delayMicroseconds(rundelay);
           Serial.print("Move to    Zero pos:(");
           Serial.print(stepper1.distanceToGo());
           Serial.print("/");
           Serial.print(stepper1.speed());
```

列表機噴頭馬達測試程式二(stepper33)

```
            Serial.println(")");
            stepper1.runSpeed();
        }

    }
      stepper1.stop() ;
            Serial.println("To Zero pos and stop");
   stepper1.setCurrentPosition(0);
            Serial.print("Now POS is :");
            Serial.println(stepper1.distanceToGo());
//stepper1.move(shiftsteps);
// this avoid motor to hit

}
void motor1steps(long motorspd, int dirw)
{
          if (dirw == 1)
          {
            Serial.println("Set Dir to one");
          // stepper1.setSpeed(RunSpeed) ;
              stepper1.move(motorspd);
          }
       else
       {
            Serial.println("Set Dir to Two");
          // stepper1.setSpeed(-RunSpeed);
              stepper1.move(-motorspd);
       }
stepper1.setSpeed(RunSpeed);
//    stepper1.run();

  //motorsteps = distance * ratio * revolution * microsteps *tway    ;
  //while (stepper1.distanceToGo() !=0)
// {
            Serial.print("Now Target POS is :");
            Serial.println(stepper1.distanceToGo());
```

列表機噴頭馬達測試程式二(stepper33)

```
        stepper1.runSpeedToPosition();
//          delayMicroseconds(rundelay);
stepper1.run();
// }
}

void motor1Return()
{
        stepper1.moveTo(0);
    stepper1.runSpeedToPosition();

 //motorsteps = distance * ratio * revolution * microsteps *tway   ;
/*
 while (stepper1.distanceToGo() !=0)
 {
        stepper1.run();
         delayMicroseconds(rundelay);
 }
 */
}

void motor1run(long motorspd, int dirway)
{
        if (dirway == 1)
        {
         // stepper1.setSpeed(RunSpeed) ;
              stepper1.setSpeed(motorspd);
        }
     else
     {
         // stepper1.setSpeed(-RunSpeed);
               stepper1.setSpeed(-motorspd);
     }


 //motorsteps = distance * ratio * revolution * microsteps *tway   ;
```

列表機噴頭馬達測試程式二(stepper33)

```
}


boolean checkLeft()
{
  boolean tmp = false ;
  if (digitalRead(leftSwitchpin) == HIGH)
  {
      tmp = true    ;
  }
  else
  {
      tmp = false    ;
  }
  return (tmp) ;
}
boolean checkRight()
{
  boolean tmp = false ;
  if (digitalRead(rightSwitchpin) == HIGH)
  {
      tmp = true    ;
  }
  else
  {
      tmp = false    ;
  }
  return (tmp) ;
}

void SHM()
{

        if (checkLeft())
      {
```

列表機噴頭馬達測試程式二(stepper33)

```
        if (Motor1direction == 2)
        {
            Serial.println("Hit left ");
            Serial.print("direction =    ");
            Serial.println(Motor1direction);
            Motor1direction = 1;
        }
    }
    if (checkRight())
    {
        if (Motor1direction == 1)
        {
            Serial.println("Hit Right ");
            Serial.print("direction =    ");
            Serial.println(Motor1direction);
            Motor1direction = 2;
        }
    }
}
```

我們可以見到圖 75 所示，噴墨列表機啟動時，會先行透過邊界極限開關模組組，偵測噴墨列表機啟動時，噴頭是否已到左邊界，若已到左邊界，則噴墨列表機噴頭步進馬達停止不動；反之，若未到左邊界，則噴墨列表機噴頭步進馬達則不斷回頭直到碰到左邊界的極限開關，則噴墨列表機噴頭步進馬達才會停止不動。

再完成上述動作後，則會使用 stop()函數停止噴墨列表機噴頭步進馬達，並透過 setCurrentPosition(0) 函數將位置歸零，以方便後續驅動噴墨列表機噴頭步進馬達。

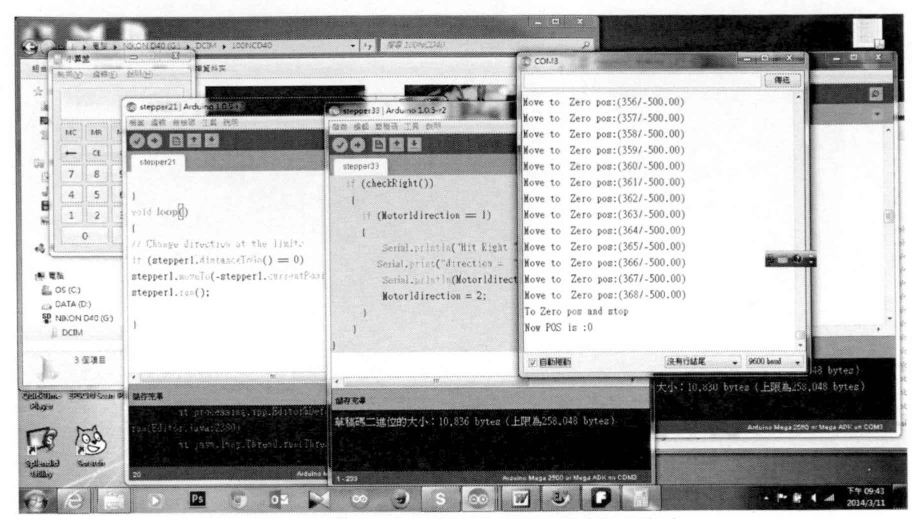

圖 75 噴墨列表機列印噴頭驅動到零點

列表機進紙控制

接下來，參考表 26 的接腳表，將線路組裝出來，主要就是在驅動噴墨頭步進馬達回歸到零點之後，開始啟動進紙步進馬達行進，這樣就可以開始列印，如同噴墨列表機在列印時的噴頭驅動與進紙驅動方式一樣。

表 26 列表機雙軸控制與 Arduoino 開發板接腳表

TB6650 輸出端	Arduino 開發板接腳	解說
A+	步進馬達 A	列表機噴頭馬達 步進馬達控制線一
A-	步進馬達 B	
B+	步進馬達 $\overline{A}$	
B-	步進馬達 $\overline{B}$	
+24V	外部電源+12V	步進馬達電力來源
GND	外部電源 GND	
TB6650 輸入端	**Arduino 開發板接腳**	**解說**
CLK+	Arduino pin 9	列表機噴頭馬達

<table>
<tr><td>CLK -</td><td>Arduino pin Gnd</td><td rowspan="3">步進馬達控制線一</td></tr>
<tr><td>CW+</td><td>Arduino pin 10</td></tr>
<tr><td>CW-</td><td>Arduino pin Gnd</td></tr>
<tr><td>EN+</td><td>可不接</td><td rowspan="2">TB6650 動作開啟關閉</td></tr>
<tr><td>EN-</td><td>可不接</td></tr>
<tr><th>TB6650 輸出端</th><th>Arduino 開發板接腳</th><th>解說</th></tr>
<tr><td>A+</td><td>步進馬達 A</td><td rowspan="4">列表機進紙馬達
步進馬達控制線二</td></tr>
<tr><td>A-</td><td>步進馬達 B</td></tr>
<tr><td>B+</td><td>步進馬達 $\overline{A}$</td></tr>
<tr><td>B-</td><td>步進馬達 $\overline{B}$</td></tr>
<tr><td>+24V</td><td>外部電源+12V</td><td rowspan="2">步進馬達電力來源</td></tr>
<tr><td>GND</td><td>外部電源 GND</td></tr>
<tr><th>TB6650 輸入端</th><th>Arduino 開發板接腳</th><th>解說</th></tr>
<tr><td>CLK+</td><td>Arduino pin 11</td><td rowspan="4">列表機進紙馬達
步進馬達控制線二</td></tr>
<tr><td>CLK -</td><td>Arduino pin Gnd</td></tr>
<tr><td>CW+</td><td>Arduino pin 12</td></tr>
<tr><td>CW-</td><td>Arduino pin Gnd</td></tr>
<tr><td>EN+</td><td>可不接</td><td rowspan="2">TB6650 動作開啟關閉</td></tr>
<tr><td>EN-</td><td>可不接</td></tr>
<tr><th>列表機進紙偵測</th><th>Arduino 開發板接腳</th><th>解說</th></tr>
<tr><td>＋5V</td><td>Arduino pin 5V</td><td>5V 陽極接點</td></tr>
<tr><td>GND</td><td>Arduino pin Gnd</td><td>共地接點</td></tr>
<tr><td>左邊界極限開關</td><td>Arduino pin 4</td><td rowspan="2">極限開關</td></tr>
<tr><td>右邊界極限開關</td><td>Arduino pin 3</td></tr>
</table>

我們為了了解列表機的機械動作。所以本研究參考圖 76 程式流程圖，其綠步驟如下：

6. 一開始希望透進紙槽沒有紙過，則利用 CheckSensor()函數檢查進紙槽，使用 CheckSensor()檢查進紙槽內是否有紙張，High 代表有紙，Low 代表無紙，整個檢查流程為 CheckPaperJam()函數模組。

7. 卡指問題排除之後，為了開始列印準備，使用 PaperHeadReady(),驅動噴墨頭馬達帶動噴墨頭，利用 checkLeft()檢查噴墨頭是否定位到最左邊。如不是，則噴墨頭繼續向左移動，如果 checkLeft()檢查結果國維真，則噴墨頭定位完成。

8. 列印開始後必須將紙張進紙到列印等待點，PaperReady()為止進紙待緒的模組。首先使用進紙馬達將列印帶入進紙槽。一片進紙一面透過 CheckSensor()模組檢查是否到進紙就緒的位置。

9. 開始列印

甲、使用 PaperFeed() 模組驅動進紙馬達，行進一列後，進紙馬達停止。

乙、使用 PaperHeadMove()模組驅動噴列頭馬達，右、左行進一次後，噴列頭馬達停止動作

丙、使用 CheckSensor()偵測進紙槽是否有紙，若偵測為真，代表仍在列印之中，則重複甲、乙動作。我若偵測為假，代表紙張已列印完畢，則結束列印。

資料來源：Arduino 雙軸直流馬達控制：p122-123 (曹永忠 et al., 2013)

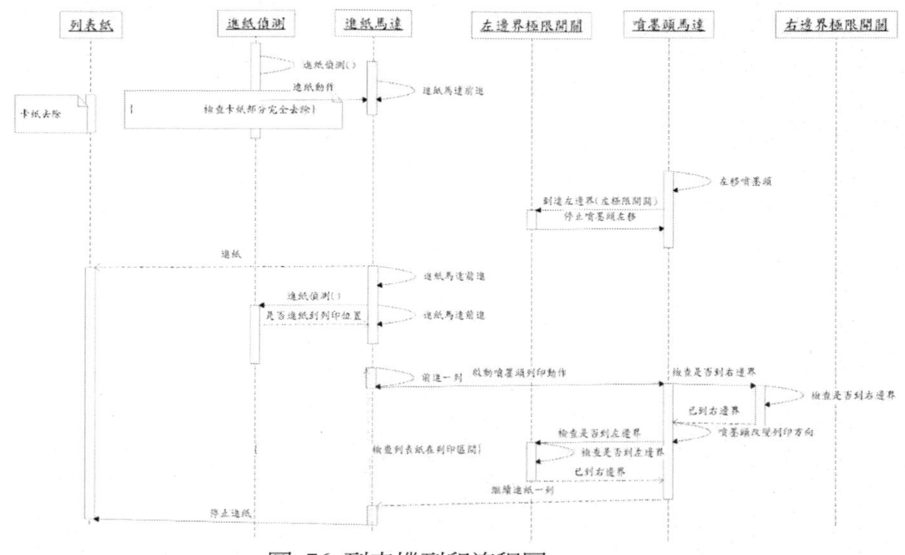

圖 76 列表機列印流程圖

資料來源：Arduino 雙軸直流馬達控制：圖 38 (曹永忠 et al., 2013)

基本上，本實驗使用的噴列列表機，在進紙部份，噴墨列表機底部本身就有進紙偵測光遮斷器，但本書實驗之噴墨列表機該零件損壞，對這部份有興趣的讀者，可以參考『Arduino 雙軸直流馬達控制: Two Axis DC-Motors Control Based on the Printer by Arduino Technology』(曹永忠 et al., 2013)一書，裡面有詳細的介紹，本文則不另外重述之。

我們依據上面的線路與需求，攥寫下列程式，並上載到 Arduino 開發版的 Sketch 之中，編譯完成後，燒入 Arduino 開發版進行測試。

列表機噴頭馬達測試程式三(stepper35)

```
// Author :BruceTsao 2014.3.6

#include <Stepper.h>
```

列表機噴頭馬達測試程式三(stepper35)

```
#define ClockPin1 9           // output pin to control Pulse
#define CWPin1 10             // Control Motor direcsetSpeedtion : Clcokwise or
CounterClockwise
#define ClockPin2 11          // output pin to control Pulse
#define CWPin2 12             // Control Motor direcsetSpeedtion : Clcokwise or
CounterClockwise
#define leftSwitchpin 4
#define rightSwitchpin 3

int MaxSpeed = 600 ;     // max speed of motor
int RunSpeed =   300 ;     //   speed of motor
int   AccSpeed = 250     ; // accelerate for motor
int   PulseWidth = 600    ;   // pulse width for each pulse
int   shiftsteps = 100   ;//   move motor back when init to avoid motor collision
int microsteps = 2;
int revolution = 200;
double   ratio = 2;
int Motor1direction = 1 ;
int rundelay = 200 ;


Stepper stepper1(revolution * microsteps   ,ClockPin1 ,CWPin1);
Stepper stepper2(revolution * microsteps   ,ClockPin2 ,CWPin2);
// THis init Stepper Motor object for use
int MoveSteps = 400000 ;
void setup()
{
initall();
initcontroller();
//initmotor();
initmotor();
//stepper1.moveTo(200);
//stepper1.runSpeedToPosition();
//stepper1.run();
//motor1run(50000,2);
//motor1steps(50000,2);
```

列表機噴頭馬達測試程式三(stepper35)

```
//motor1Return();

}
void loop()
{
   Serial.println("run motor2");
   motor2steps(400,1);
   /*
stepper1.run();
// Change direction at the limits
//motor1run(15,true);
//motor1run(15,false);
      stepper1.runSpeedToPosition();
            Serial.print("Now pos:(");
            Serial.print(stepper1.distanceToGo());
            Serial.println(")");
   //   stepper1.move(100);
  //    stepper1.runSpeed();
//   stepper1.run();
   //   stepper1.move(-100);
  //    stepper1.runSpeed();
  // stepper1.run();


//stepper1.setSpeed(RunSpeed);




*/
//stepper1.runSpeed();
//delayMicroseconds(600);
}
void initall()
{
   pinMode(ClockPin1,OUTPUT) ;
   pinMode(CWPin1,OUTPUT) ;
```

列表機噴頭馬達測試程式三(stepper35)

```
  pinMode(ClockPin2,OUTPUT) ;
  pinMode(CWPin2,OUTPUT) ;

   // init motor direction Led output
   pinMode(leftSwitchpin,INPUT);
   pinMode(rightSwitchpin,INPUT);

  Serial.begin(9600);

}
void initcontroller()
{
// motor1 init
stepper1.setSpeed(RunSpeed);        // set Max Speed of Motor


// motor2 init
stepper2.setSpeed(RunSpeed);

Serial.println(RunSpeed);
Serial.println(RunSpeed);
//stepper1.runSpeed();

}

void initmotor()
{
  if (!checkLeft())
  {
//       stepper1.move(-10) ;
      Serial.println("not in Zero pos");
      motor1steps(20,2) ;
         while (!checkLeft())
         {
         motor1steps(20,2) ;
        }
```

列表機噴頭馬達測試程式三(stepper35)

```
  }
          Serial.println("To Zero pos and stop");

// this avoid motor to hit

}
void motor1steps(int motorspd, int dirw)
{
  int counter = 0 ;
     if (dirw == 1) {
             digitalWrite(CWPin1, HIGH);
     }
     else {
             digitalWrite(CWPin1, LOW);
     }

for(counter = 0 ; counter <motorspd; counter ++)
{
     digitalWrite(ClockPin1, HIGH);
  delayMicroseconds(PulseWidth);
  digitalWrite(ClockPin1, LOW);
  delayMicroseconds(PulseWidth);
}
}

void motor2steps(int motorspd, int dirw)
{
  int counter = 0 ;
     if (dirw == 1) {
             digitalWrite(CWPin2, HIGH);
     }
     else {
             digitalWrite(CWPin2, LOW);
     }
```

列表機噴頭馬達測試程式三(stepper35)

```
for(counter = 0 ; counter <motorspd; counter ++)
{
      digitalWrite(ClockPin2, HIGH);
   delayMicroseconds(PulseWidth);
   digitalWrite(ClockPin2, LOW);
   delayMicroseconds(PulseWidth);
}
}



boolean checkLeft()
{
   boolean tmp = false ;
   if (digitalRead(leftSwitchpin) == HIGH)
   {
       tmp = true    ;
   }
   else
   {
       tmp = false    ;
   }
   return (tmp) ;
}
boolean checkRight()
{
   boolean tmp = false ;
   if (digitalRead(rightSwitchpin) == HIGH)
   {
       tmp = true    ;
   }
   else
   {
       tmp = false    ;
   }
   return (tmp) ;
```

列表機噴頭馬達測試程式三(stepper35)

```
}

void SHM()
{

        if (checkLeft())
      {
        if (Motor1direction == 2)
        {
              Serial.println("Hit left ");
              Serial.print("direction =    ");
              Serial.println(Motor1direction);
              Motor1direction = 1;
        }
      }
    if (checkRight())
      {
        if (Motor1direction == 1)
        {
              Serial.println("Hit Right ");
            Serial.print("direction =    ");
              Serial.println(Motor1direction);
              Motor1direction = 2;
        }
      }
}

int calculatePulse(int mm, double ratios )
{

  return (int)((double)mm * ratios * revolution * microsteps) ;

}
```

我們可以見到圖 77 所示，本次實驗主要是整合進紙偵測機構的部份，在機器啟動後，噴列列表機先行定位噴墨列表頭到零點之後停止噴墨列表頭步進馬達。

再驅動進紙部份的機構，啟動進紙馬達將紙張進紙送出。

圖 77 模擬噴墨列表機列印動作

最後我們發現一切都按照我們設計的程式流程運行，本章的實驗便告一個段落。

章節小結

本書實驗到此，已經將一個具有原有噴墨列表機原有列印機構構動作的功能完整性的設計出來，並且在實作之中，可以控制其進紙動作，並可以將其噴墨列表機噴墨頭方向控制、左行進、右行進、進紙、退紙、定位零點等方法，下章我們會讓使用者可以自由操控列表機。

11
CHAPTER

讓列表機動起來

為了讓讀者更能了解如何控制步進馬達，本書延續上章的作法，讓一台以步進馬達為動力來源的列表機動起來，並能讓使用者控制它運轉。所以本章主要介紹如何引入『使用者控制列表機步進馬達』的功能，並加入到本書實驗之中，進而讓列表機動起來。

量測行進速度

首先我們先依照表 24 之接腳表，將 TB6560 步進馬達驅動器連接到列表機噴頭馬達與 Arduino 開發板，先讓列表機動起來。

然後再參照方程式 32 的公式，將表 27 的範例，攥寫下列程式(表 28 所示)，並上載到 Arduino 開發版的 Sketch 之中，編譯完成後，燒入 Arduino 開發版進行測試。

方程式 3 行進距離與脈波數計算公式

$$L(\text{行進距離}) = \text{轉動圈數} \times \text{螺距}({}^{mm}/_{\text{圈數}}) \text{.......距離計算}(a)$$

$$\text{轉動圈數} = Steps(\text{走幾步}) / \mathrm{E}volution(\text{每圈幾步}) \text{.......圈數計算}(b)$$

$$\mathrm{E}volution(\text{每圈幾步}) = 360(\text{度}) / \frac{\text{基本步進角}(Deg.)}{\text{微步}(Microsteps)} \text{.......步進數計算}(c)$$

$$Steps(\text{走幾步}) = L(\text{行進距離}) \times \text{微步}(Microsteps) \times \mathrm{E}volution(\text{每圈幾步}) / \text{螺距}({}^{mm}/_{\text{圈數}}) \text{.......}Steps\text{計算}(d)$$

$$Steps(\text{走幾步}) = Pulses\text{數目......}Steps\text{轉換脈波數計算}(e)$$

表 27 行進距離與脈波數計算程式範例

```
int RunSpeed =    300 ;      //    speed of motor
int    PulseWidth = 600    ;   // pulse width for each pulse
int microsteps = 2;
int revolution = 200;
double    ratio = 2;
int Motor1direction = 1 ;
int rundelay = 200 ;

int calculatePulse(int mm, double ratios )
{

   return (int)((double)mm * ratios * revolution * microsteps) ;

}
```

表 28 列表機控制程式一(stepper41a)

列表機控制程式一(stepper41a)

```
// Author :BruceTsao 2014.3.6

#include <Stepper.h>
#define ClockPin1 9           // output pin to control Pulse
#define CWPin1 10               // Control Motor direcsetSpeedtion : Clcokwise or
CounterClockwise
#define ClockPin2 11            // output pin to control Pulse
#define CWPin2 12               // Control Motor direcsetSpeedtion : Clcokwise or
CounterClockwise
#define leftSwitchpin 4
#define rightSwitchpin 3

int RunSpeed =    300 ;      //    speed of motor
int    PulseWidth = 600    ;   // pulse width for each pulse
int microsteps = 2;
```

列表機控制程式一(stepper41a)

```
int revolution = 200;
double    ratio = 2;
int Motor1direction = 1 ;
int rundelay = 200 ;


Stepper stepper1(revolution * microsteps    ,ClockPin1 ,CWPin1);
Stepper stepper2(revolution * microsteps    ,ClockPin2 ,CWPin2);
// THis init Stepper Motor object for use
int MoveSteps = 400000 ;
void setup()
{
initall();
initcontroller();
motor2steps(1600,1);
calmotor1();

//initmotor();
//stepper1.moveTo(200);
//stepper1.runSpeedToPosition();
//stepper1.run();
//motor1run(50000,2);
//motor1steps(50000,2);
//motor1Return();

}
void loop()
{
}
void initall()
{
   pinMode(ClockPin1,OUTPUT) ;
   pinMode(CWPin1,OUTPUT) ;
   pinMode(ClockPin2,OUTPUT) ;
   pinMode(CWPin2,OUTPUT) ;
```

列表機控制程式一(stepper41a)

```
    // init motor direction Led output
    pinMode(leftSwitchpin,INPUT);
    pinMode(rightSwitchpin,INPUT);

  Serial.begin(9600);

}
void initcontroller()
{
// motor1 init
stepper1.setSpeed(RunSpeed);     // set Max Speed of Motor


// motor2 init
stepper2.setSpeed(RunSpeed);

Serial.println(RunSpeed);
Serial.println(RunSpeed);
//stepper1.runSpeed();

}

void calmotor1()
{
  if (!checkLeft())
  {

      Serial.println("Now Calibrate first step");
      motor1steps(100,1) ;
         delay(2000);
         motor2steps(1600,1) ;
         delay(1000);

      Serial.println("Now Calibrate second step");
      motor1steps(200,1) ;
         delay(2000);
```

列表機控制程式一(stepper41a)

```
        motor2steps(1600,1) ;
        delay(1000);
    Serial.println("Now Calibrate third step");
    motor1steps(200,2) ;
        delay(2000);
        motor2steps(1600,1) ;
        delay(1000);
    Serial.println("Now Calibrate fourth step");
    motor1steps(100,2) ;
        delay(2000);
      motor2steps(1600,1) ;
        delay(1000);

  }

// this avoid motor to hit

}
void motor1steps(int motorspd, int dirw)
{
  int counter = 0 ;
    if (dirw == 1) {
            digitalWrite(CWPin1, HIGH);
    }
    else {
            digitalWrite(CWPin1, LOW);
    }

for(counter = 0 ; counter <motorspd; counter ++)
{
    digitalWrite(ClockPin1, HIGH);
  delayMicroseconds(PulseWidth);
  digitalWrite(ClockPin1, LOW);
  delayMicroseconds(PulseWidth);
}
```

列表機控制程式一(stepper41a)

```
}

void motor2steps(int motorspd, int dirw)
{
  int counter = 0 ;
    if (dirw == 1) {
          digitalWrite(CWPin2, HIGH);
    }
    else {
          digitalWrite(CWPin2, LOW);
    }

for(counter = 0 ; counter <motorspd; counter ++)
{
    digitalWrite(ClockPin2, HIGH);
  delayMicroseconds(PulseWidth);
  digitalWrite(ClockPin2, LOW);
  delayMicroseconds(PulseWidth);
}
}



boolean checkLeft()
{
  boolean tmp = false ;
  if (digitalRead(leftSwitchpin) == HIGH)
  {
     tmp = true    ;
  }
  else
  {
     tmp = false    ;
  }
  return (tmp) ;
}
```

列表機控制程式一(stepper41a)

```
boolean checkRight()
{
  boolean tmp = false ;
  if (digitalRead(rightSwitchpin) == HIGH)
  {
      tmp = true    ;
  }
  else
  {
      tmp = false    ;
  }
  return (tmp) ;
}

void SHM()
{

      if (checkLeft())
      {
        if (Motor1direction == 2)
        {
                Serial.println("Hit left ");
                Serial.print("direction =    ");
                Serial.println(Motor1direction);
                Motor1direction = 1;
        }
      }
    if (checkRight())
      {
        if (Motor1direction == 1)
        {
                Serial.println("Hit Right ");
              Serial.print("direction =    ");
                Serial.println(Motor1direction);
                Motor1direction = 2;
        }
```

列表機控制程式一(stepper41a)

```
    }
}

int calculatePulse(int mm, double ratios )
{

  return (int)((double)mm * ratios * revolution * microsteps) ;

}
```

接下來，參考圖 78.(a).的方式，將噴墨列表機的噴墨頭座，臨時裝置一隻油性簽字筆，讓表 28 的程式，在列表機啟動之後，參考圖 78.(b)所示，隨著左右行進的脈波數，畫出實際距離後，在量測實際距離後，逆算回去行進距離與脈波數的比率。

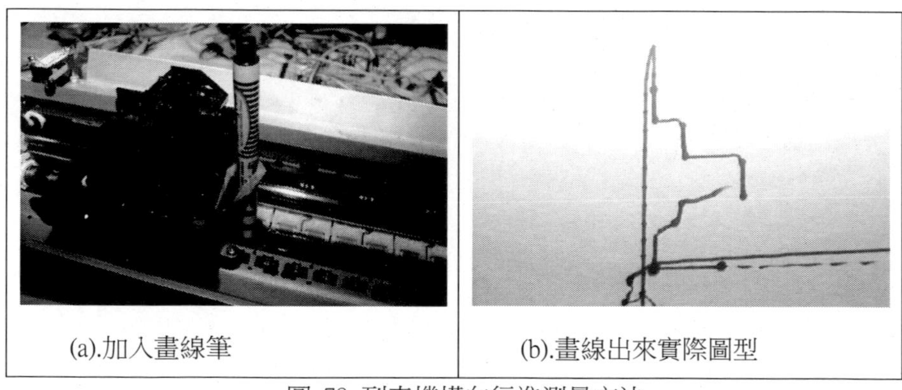

(a).加入畫線筆　(b).畫線出來實際圖型

圖 78 列表機橫向行進測量方法

我們可以發現，橫向步進馬達機構行進比率，20mm 約為 200 個脈波(Pulses)，另外一項是 10mm 約為 100 個脈波(Pulses)，平均出來是 1mm 為 10 個脈波(Pulses)，由 stepper41a 的 int calculatePulse(int mm, double ratios)函數，revolution= 200，microsteps= 2，ratios=1/40=0.025，我們就可比完成表 28 的程式內 int calculatePulse(int mm, 0.025)的函式呼叫方法，傳入要移動的 mm 數來算出脈波數。

表 29 列表機控制程式二(stepper41b)

列表機控制程式二(stepper41b)

```
// Author :BruceTsao 2014.3.6

#include <Stepper.h>
#define ClockPin1 9          // output pin to control Pulse
#define CWPin1 10            // Control Motor direcsetSpeedtion : Clcokwise or
CounterClockwisc
#define ClockPin2 11         // output pin to control Pulse
#define CWPin2 12            // Control Motor direcsetSpeedtion : Clcokwise or
CounterClockwise
#define leftSwitchpin 4
#define rightSwitchpin 3

int RunSpeed =   300 ;    //   speed of motor
int   PulseWidth = 600   ;  // pulse width for each pulse
int microsteps = 2;
int revolution = 200;
double   ratio = 2;
int Motor1direction = 1 ;
int rundelay = 200 ;



Stepper stepper1(revolution * microsteps   ,ClockPin1 ,CWPin1);
Stepper stepper2(revolution * microsteps   ,ClockPin2 ,CWPin2);
// THis init Stepper Motor object for use
int MoveSteps = 400000 ;
void setup()
```

列表機控制程式二(stepper41b)

```
{
initall();
initcontroller();
motor2steps(1600,1);
calmotor2();

//initmotor();
//stepper1.moveTo(200);
//stepper1.runSpeedToPosition();
//stepper1.run();
//motor1run(50000,2);
//motor1steps(50000,2);
//motor1Return();

}
void loop()
{
}
void initall()
{
  pinMode(ClockPin1,OUTPUT) ;
  pinMode(CWPin1,OUTPUT) ;
  pinMode(ClockPin2,OUTPUT) ;
  pinMode(CWPin2,OUTPUT) ;

    // init motor direction Led output
    pinMode(leftSwitchpin,INPUT);
    pinMode(rightSwitchpin,INPUT);

  Serial.begin(9600);

}
void initcontroller()
{
// motor1 init
stepper1.setSpeed(RunSpeed);        // set Max Speed of Motor
```

列表機控制程式二(stepper41b)

```
// motor2 init
stepper2.setSpeed(RunSpeed);

Serial.println(RunSpeed);
Serial.println(RunSpeed);
//stepper1.runSpeed();

}

void calmotor1()
{
  if (!checkLeft())
  {

      Serial.println("Now Calibrate first step");
      motor1steps(100,1) ;
        delay(2000);
        motor2steps(1600,1) ;
        delay(1000);

      Serial.println("Now Calibrate second step");
      motor1steps(200,1) ;
        delay(2000);
        motor2steps(1600,1) ;
        delay(1000);
      Serial.println("Now Calibrate third step");
      motor1steps(200,2) ;
        delay(2000);
        motor2steps(1600,1) ;
        delay(1000);
      Serial.println("Now Calibrate fourth step");
      motor1steps(100,2) ;
        delay(2000);
       motor2steps(1600,1) ;
```

列表機控制程式二(stepper41b)

```
        delay(1000);

  }


// this avoid motor to hit

}

void calmotor2()
{
  if (!checkLeft())
  {
        motor2steps(1600,1) ;
      Serial.println("Now Calibrate2 first step");
      motor1steps(100,1) ;
      motor2steps(400,1) ;
    motor1steps(100,2) ;
              delay(2000);

      Serial.println("Now Calibrate2 second step");
      motor1steps(100,2) ;
      motor2steps(600,1) ;
    motor1steps(100,1) ;
              delay(2000);
      Serial.println("Now Calibrate2 third step");
      motor1steps(100,1) ;
      motor2steps(1000,1) ;
    motor1steps(100,2) ;
              delay(2000);
      Serial.println("Now Calibrate2 fourth step");
      motor1steps(100,2) ;
      motor2steps(1600,1) ;
    motor1steps(100,1) ;
              delay(2000);
```

列表機控制程式二(stepper41b)

```
  }



// this avoid motor to hit

}

void motor1steps(int motorspd, int dirw)
{
  int counter = 0 ;
    if (dirw == 1) {
          digitalWrite(CWPin1, HIGH);
    }
    else {
          digitalWrite(CWPin1, LOW);
    }

for(counter = 0 ; counter <motorspd; counter ++)
{
    digitalWrite(ClockPin1, HIGH);
  delayMicroseconds(PulseWidth);
  digitalWrite(ClockPin1, LOW);
  delayMicroseconds(PulseWidth);
}
}

void motor2steps(int motorspd, int dirw)
{
  int counter = 0 ;
    if (dirw == 1) {
          digitalWrite(CWPin2, HIGH);
    }
    else {
          digitalWrite(CWPin2, LOW);
    }
```

列表機控制程式二(stepper41b)

```
for(counter = 0 ; counter <motorspd; counter ++)
{
      digitalWrite(ClockPin2, HIGH);
   delayMicroseconds(PulseWidth);
   digitalWrite(ClockPin2, LOW);
   delayMicroseconds(PulseWidth);
}
}



boolean checkLeft()
{
   boolean tmp = false ;
   if (digitalRead(leftSwitchpin) == HIGH)
   {
        tmp = true    ;
   }
   else
   {
        tmp = false    ;
   }
   return (tmp) ;
}
boolean checkRight()
{
   boolean tmp = false ;
   if (digitalRead(rightSwitchpin) == HIGH)
   {
        tmp = true    ;
   }
   else
   {
        tmp = false    ;
   }
   return (tmp) ;
```

列表機控制程式二(stepper41b)

```
}

void SHM()
{

      if (checkLeft())
    {
      if (Motor1direction == 2)
      {
              Serial.println("Hit left ");
              Serial.print("direction =    ");
              Serial.println(Motor1direction);
              Motor1direction = 1;
      }
    }
    if (checkRight())
    {
      if (Motor1direction == 1)
      {
              Serial.println("Hit Right ");
            Serial.print("direction =    ");
              Serial.println(Motor1direction);
              Motor1direction = 2;
      }
    }
}

int calculatePulse(int mm, double ratios )
{

  return (int)((double)mm * ratios * revolution * microsteps) ;

}
```

我們就可比完成表 29 的程式，接下來可以得到執行結果，參考圖 79 所示，隨著每一段前進之後，往左右 5mm 與 10mm，分行進的脈波數，畫出實際距離後，在量測實際距離後，逆算回去行進距離與脈波數的比率。

4mm 約為 400 個脈波(Pulses)，另外一項是 5.6mm 約為 600 個脈波(Pulses) ，另外一項是 9.5mm 約為 1000 個脈波(Pulses) ，另外一項是 15.5mm 約為 1600 個脈波(Pulses)，平均出來是 1mm 約為 100 個脈波(Pulses)，由 stepper41b 的 int calculatePulse(int mm, double ratios) 函數，revolution= 200，microsteps= 2，ratios=1/100=0.001，我們就可比完成表 29 的程式內 int calculatePulse(int mm, 0.001) 的函式呼叫方法，傳入要前後移動的 mm 數來算出脈波數。

我們就可以用內 int caculatePulse(int mm, 0.001)的函式呼叫方法，傳入要前後移動的 mm 數來算出脈波數。

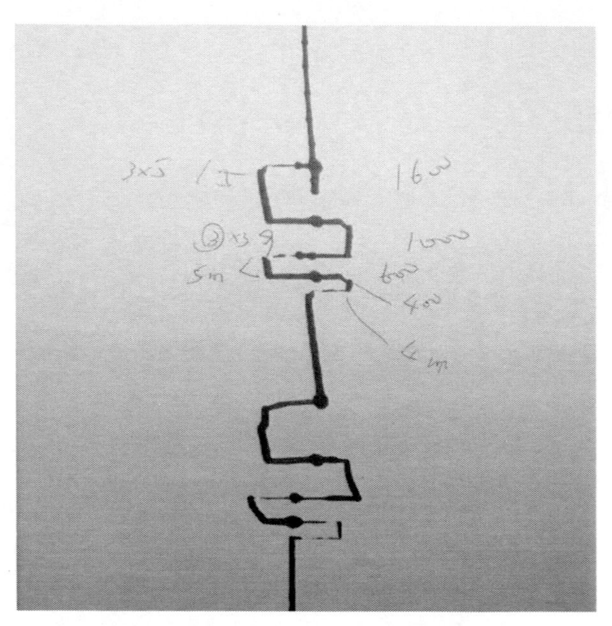

圖 79 量測前進步進馬達速率實驗圖

本節可以讓我們得到下列結果：

- 前後移動函數為：int caculatePulse(int mm, 0.001)
- 左右移動函數為：int calculatePulse(int mm, 0.025)

最後我們發現可以使用下列函數：

一切都按照我們設計的程式流程運行，這個階段的實驗便告一個段落。

- 前後移動函數為：motor1steps(caculatePulse(int mm, 0.001)，方向:1=前進;2=後退)
- 左右移動函數為：motor1steps (calculatePulse(int mm, 0.025), 方向:1=向左;2=向右)

使用者使用 PS2 搖桿輸入控制命令

基本上，本實驗參考『Arduino 手機互動跳舞機設計: The Development of an

Interaction Dancing Pad with a Mobile Phone Game by Arduino Technology』(曹永忠 et al., 2013; 曹永忠, 許智誠, & 蔡英德, 2014)一書內 PSX 函數說明這部份，參考表 30 的接腳表，將線路組裝出來，主要就是透過使用者操控 PS2 搖桿，透過讀取所操控的搖桿值與按下按紐值，來判斷使用者的操控行為。

表 30 整合 PS2 搖桿之列表機雙軸控制與 Arduoino 開發板接腳表

<table>
<tr><th>TB6650 輸出端</th><th>Arduino 開發板接腳</th><th>解說</th></tr>
<tr><td>A+</td><td>步進馬達 A</td><td rowspan="4">列表機噴頭馬達
步進馬達控制線一</td></tr>
<tr><td>A-</td><td>步進馬達 B</td></tr>
<tr><td>B+</td><td>步進馬達 $\overline{A}$</td></tr>
<tr><td>B-</td><td>步進馬達 $\overline{B}$</td></tr>
<tr><td>+24V</td><td>外部電源+12V</td><td rowspan="2">步進馬達電力來源</td></tr>
<tr><td>GND</td><td>外部電源 GND</td></tr>
<tr><th>TB6650 輸入端</th><th>Arduino 開發板接腳</th><th>解說</th></tr>
<tr><td>CLK+</td><td>Arduino pin 9</td><td rowspan="4">列表機噴頭馬達
步進馬達控制線一</td></tr>
<tr><td>CLK -</td><td>Arduino pin Gnd</td></tr>
<tr><td>CW+</td><td>Arduino pin 10</td></tr>
<tr><td>CW-</td><td>Arduino pin Gnd</td></tr>
<tr><td>EN+</td><td>可不接</td><td rowspan="2">TB6650 動作開啟關閉</td></tr>
<tr><td>EN-</td><td>可不接</td></tr>
<tr><th>TB6650 輸出端</th><th>Arduino 開發板接腳</th><th>解說</th></tr>
<tr><td>A+</td><td>步進馬達 A</td><td rowspan="4">列表機進紙馬達
步進馬達控制線二</td></tr>
<tr><td>A-</td><td>步進馬達 B</td></tr>
<tr><td>B+</td><td>步進馬達 $\overline{A}$</td></tr>
<tr><td>B-</td><td>步進馬達 $\overline{B}$</td></tr>
<tr><td>+24V</td><td>外部電源+12V</td><td rowspan="2">步進馬達電力來源</td></tr>
<tr><td>GND</td><td>外部電源 GND</td></tr>
<tr><th>TB6650 輸入端</th><th>Arduino 開發板接腳</th><th>解說</th></tr>
</table>

CLK+		Arduino pin 11	列表機進紙馬達 步進馬達控制線二
CLK -		Arduino pin Gnd	
CW+		Arduino pin 12	
CW-		Arduino pin Gnd	
EN+		可不接	TB6650 動作開啟關閉
EN-		可不接	
列表機進紙偵測		Arduino 開發板接腳	解說
＋5V		Arduino pin 5V	5V 陽極接點
GND		Arduino pin Gnd	共地接點
左邊界極限開關		Arduino pin 4	極限開關
右邊界極限開關		Arduino pin 3	
PS 搖桿	dataPin	Arduino digital pin 30	如圖 52 之第一隻接腳
	cmndPin	Arduino digital pin 32	如圖 52 之第二隻接腳
	attPin	Arduino digital pin 34	如圖 52 之第六隻接腳
	clockPin	Arduino digital pin 36	如圖 52 之第七隻接腳
	VCC	3.3V 陽極接點	如圖 52 之第五隻接腳
	GND	共地接點	如圖 52 之第四隻接腳

我們完成表 31 的程式，接下來可以得到執行結果。

表 31 整合 PS2 搖桿之測試程式

整合 PS2 搖桿之測試程式(stepper42)

```
#include <Psx.h>                                         // Includes the
Psx Library
                                                           // Any pins
can be used since it is done in software
#define dataPin 30
#define cmndPin 32
#define attPin 34
#define clockPin 36
```

整合 PS2 搖桿之測試程式(stepper42)

```
Psx Psx;                                                      // Initializes
the library

unsigned int data = 0;                                        // data stores the
controller response

void setup()
{
  Psx.setupPins(dataPin, cmndPin, attPin, clockPin, 10);   // Defines what each pin is
used
//                    11              9      10       8
// (Data Pin #, Cmnd Pin #, Att Pin #, Clk Pin #, Delay)
  Serial.begin(9600);
}

void loop()
{
  data = Psx.read();                                          // Psx.read() initi-
ates the PSX controller and returns
                                                              // the button
data
  Serial.println(data,HEX);                                   // Display the
returned numeric value
    delay(50);
}
```

可以由圖 80 所示，程式已經可以讀取到 playstation 搖桿的數值，但是該函數是每一個按鈕代表一個 bit,如表 32 所示，可以了解每一個按鈕按下時，得到哪一個數值，參照表 32 就可以知道哪一個按鈕被按下。

表 32 PlayStation 搖桿讀取值(PSX)

按鈕變數值	按鈕內容值	圖示

psxLeft	0x0001	
psxDown	0x0002	
psxRight	0x0004	
psxUp	0x0008	
psxStrt	0x0010	START
psxAnalogRightButton	0x0020	
psxAnalogLeftButton	0x0040	
psxSlct	0x0080	SELECT
psxSqu	0x0100	
psxX	0x0200	
psxO	0x0400	
psxTri	0x0800	
psxR1	0x1000	
psxL1	0x2000	
psxR2	0x4000	
psxL2	**0x8000**	

資料來源：(曹永忠 et al., 2014)

所以，當讀到搖桿執回傳值時，先去查閱表 32，先去與上述值進行布林運算後，可以了解到哪一個按鈕被按，由於不同按鈕所佔的位元不同，所以

PlayStation 搖桿可以同時按下多個按鍵，甚至全部的按鍵。

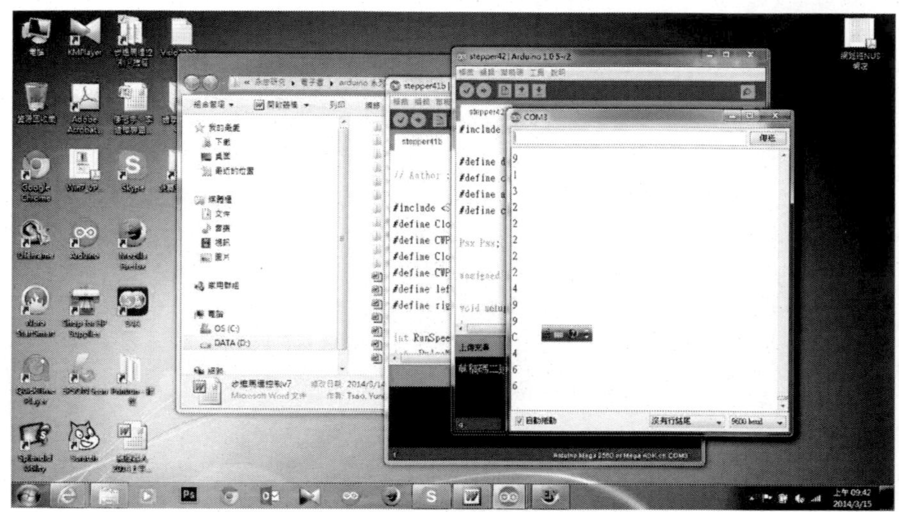

圖 80 PSX 測試程式結果畫面

基本上，本實驗使用的 PS2 搖桿函數，對這部份有興趣的讀者，可以參考『Arduino 手機互動跳舞機設計: The Development of an Interaction Dancing Pad with a Mobile Phone Game by Arduino Technology』(曹永忠 et al., 2013, 2014)一書內 PSX 函數說明這部份，裡面有詳細的介紹，本文則不另外重述之。

我們參考表 32 的資料，透過與讀入值進行 and 運算，結果為 true 則代表該鍵有被壓下，根據上述原理，我們完成表 33 的程式，接下來可以得到執行結果。

表 33 整合 PS2 搖桿之測試程式二

整合 PS2 搖桿之測試程式二(stepper43)
#include <Psx.h> // Includes the Psx Library // Any pins can be used since it is done in software #define dataPin 30 #define cmndPin 32

整合 PS2 搖桿之測試程式二(stepper43)

```
#define attPin 34
#define clockPin 36

Psx Psx;                                                    // Initializes
the library

unsigned int data = 0;                                      // data stores the
controller response

void setup()
{
  Psx.setupPins(dataPin, cmndPin, attPin, clockPin, 10);   // Defines what each pin is
used
//                          11              9      10         8
// (Data Pin #, Cmnd Pin #, Att Pin #, Clk Pin #, Delay)
  Serial.begin(9600);
}

void loop()
{
  data = Psx.read();                                        // Psx.read() initi-
ates the PSX controller and returns
  if ((data & 0x0001)==1)   // the button data
  {
        Serial.print(data );
        Serial.print("/");
        Serial.println("psxLeft");
  }
     if (data & 0x0002)   // the
  {
        Serial.print(data );
        Serial.print("/");
        Serial.println("psxDown");
  }
  if (data & 0x0004)   // the
   {
```

整合 PS2 搖桿之測試程式二(stepper43)

```
        Serial.print(data );
        Serial.print("/");
         Serial.println("psxRight");
    }
        if (data & 0x0008)    // the
    {
        Serial.print(data );
        Serial.print("/");
      Serial.println("psxUp");
    }

//   Serial.println(data,HEX);                                        // Display the
returned numeric value
    delay(100);
}
```

可以由圖 81 所示，程式已經可以讀取到 playstation 搖桿的數值，並可以參照表 32 所示，可以了解上、下、左、右按鈕按下。

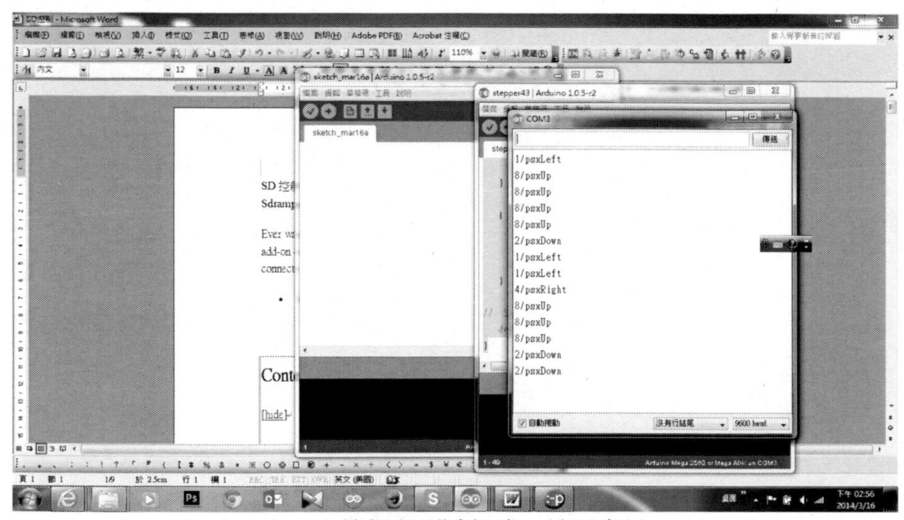

圖 81 整合 PS2 搖桿之測試程式二結果畫面

讓我們來操控列表機

本書到最後階段，要整合上述所有內容，讓使用者可以自由操控列表機進紙、退紙、噴墨頭左移、噴墨頭右移等動作。我們依據上面的線路與需求，攥寫表 34 所示之程式，並上載到 Arduino 開發版的 Sketch 之中，編譯完成後，燒入 Arduino 開發版進行測試。

表 34 使用者操控列表機測試程式一

使用者操控列表機測試程式一(stepper51)

```
// Author :BruceTsao 2014.3.6

#include <Stepper.h>
#include <Psx.h>

#define ClockPin1 9          // output pin to control Pulse
#define CWPin1 10            // Control Motor direcsetSpeedtion : Clcokwise or
CounterClockwise
#define ClockPin2 11         // output pin to control Pulse
#define CWPin2 12            // Control Motor direcsetSpeedtion : Clcokwise or
CounterClockwise
#define leftSwitchpin 4
#define rightSwitchpin 3
//---------------------
#define dataPin 30
#define cmndPin 32
#define attPin 34
#define clockPin 36
//------------------------

int RunSpeed =   300 ;    //   speed of motor
int   PulseWidth = 600   ;   // pulse width for each pulse
int microsteps = 2;
```

使用者操控列表機測試程式一(stepper51)

```
int revolution = 200;
double    ratio = 2;
int Motor1direction = 1 ;
int rundelay = 200 ;


Stepper stepper1(revolution * microsteps    ,ClockPin1 ,CWPin1);
Stepper stepper2(revolution * microsteps    ,ClockPin2 ,CWPin2);
// THis init Stepper Motor object for use
Psx Psx;

int MoveSteps = 400000 ;
unsigned int data = 0;

double motor1ratio = 0.001 ;
double motor2ratio = 0.025 ;

void setup()
{

initall();
initcontroller();


}
void loop()
{

      data = Psx.read();
      if ((data & 0x0001)==1)    // the button data
   {
      if (!checkLeft())
      {
         Serial.print(data );
         Serial.print("/");
         Serial.println("psxLeft");
```

使用者操控列表機測試程式一(stepper51)

```
    motor1steps(calculatePulse(3,motor1ratio),1) ;
  }
  else
  {
            Serial.println("hit Left");
  }
}
  if (data & 0x0002)    // the
{
    Serial.print(data );
    Serial.print("/");
    Serial.println("psxDown");
   motor2steps(calculatePulse(3,motor2ratio),1) ;
}
if (data & 0x0004)    // the
 {
if (!checkRight())
  {
    Serial.print(data );
    Serial.print("/");
     Serial.println("psxRight");
       motor1steps(calculatePulse(3,motor1ratio),2);
  }
  else
  {
            Serial.println("hit Right");
  }


 }
    if (data & 0x0008)    // the
 {
    Serial.print(data );
    Serial.print("/");
   Serial.println("psxUp");
    motor2steps(calculatePulse(3,motor2ratio),2) ;
 }
```

使用者操控列表機測試程式一(stepper51)

```
//    Serial.println(data,HEX);                                      // Display the
returned numeric value
    delay(50);



}
void initall()
{
  pinMode(ClockPin1,OUTPUT) ;
  pinMode(CWPin1,OUTPUT) ;
  pinMode(ClockPin2,OUTPUT) ;
  pinMode(CWPin2,OUTPUT) ;

    // init motor direction Led output
    pinMode(leftSwitchpin,INPUT);
    pinMode(rightSwitchpin,INPUT);
  Psx.setupPins(dataPin, cmndPin, attPin, clockPin, 10);   // Defines what each pin is
used

  Serial.begin(9600);

}
void initcontroller()
{
// motor1 init
stepper1.setSpeed(RunSpeed);       // set Max Speed of Motor



// motor2 init
stepper2.setSpeed(RunSpeed);

Serial.println(RunSpeed);
Serial.println(RunSpeed);
//stepper1.runSpeed();
```

使用者操控列表機測試程式一(stepper51)

```
}


void motor1steps(int motorspd, int dirw)
{
  int counter = 0 ;
    if (dirw == 1) {
          digitalWrite(CWPin1, HIGH);
    }
    else {
          digitalWrite(CWPin1, LOW);
    }

for(counter = 0 ; counter <motorspd; counter ++)
{
    digitalWrite(ClockPin1, HIGH);
  delayMicroseconds(PulseWidth);
  digitalWrite(ClockPin1, LOW);
  delayMicroseconds(PulseWidth);
}
}

void motor2steps(int motorspd, int dirw)
{
  int counter = 0 ;
    if (dirw == 1) {
          digitalWrite(CWPin2, HIGH);
    }
    else {
          digitalWrite(CWPin2, LOW);
    }

for(counter = 0 ; counter <motorspd; counter ++)
{
    digitalWrite(ClockPin2, HIGH);
  delayMicroseconds(PulseWidth);
```

使用者操控列表機測試程式一(stepper51)

```
  digitalWrite(ClockPin2, LOW);
  delayMicroseconds(PulseWidth);
}
}



boolean checkLeft()
{
  boolean tmp = false ;
  if (digitalRead(leftSwitchpin) == HIGH)
  {
      tmp = true    ;
  }
  else
  {
      tmp = false    ;
  }
  return (tmp) ;
}
boolean checkRight()
{
  boolean tmp = false ;
  if (digitalRead(rightSwitchpin) == HIGH)
  {
      tmp = true    ;
  }
  else
  {
      tmp = false    ;
  }
  return (tmp) ;
}

void SHM()
{
```

使用者操控列表機測試程式一(stepper51)

```
      if (checkLeft())
     {
       if (Motor1direction == 2)
       {
            Serial.println("Hit left ");
            Serial.print("direction =    ");
            Serial.println(Motor1direction);
            Motor1direction = 1;
       }
     }
    if (checkRight())
     {
       if (Motor1direction == 1)
       {
            Serial.println("Hit Right ");
           Serial.print("direction =    ");
            Serial.println(Motor1direction);
            Motor1direction = 2;
       }
     }
}

int calculatePulse(int mm, double ratios )
{

  return (int)((double)mm * ratios * revolution * microsteps) ;

}
```

我們可以見到圖 82 所示，使用者已經可以透過 PS2 搖桿的上、下、左、右鍵來操控噴墨列表機進紙、退紙、噴墨頭左移、噴墨頭右移動作等動作。

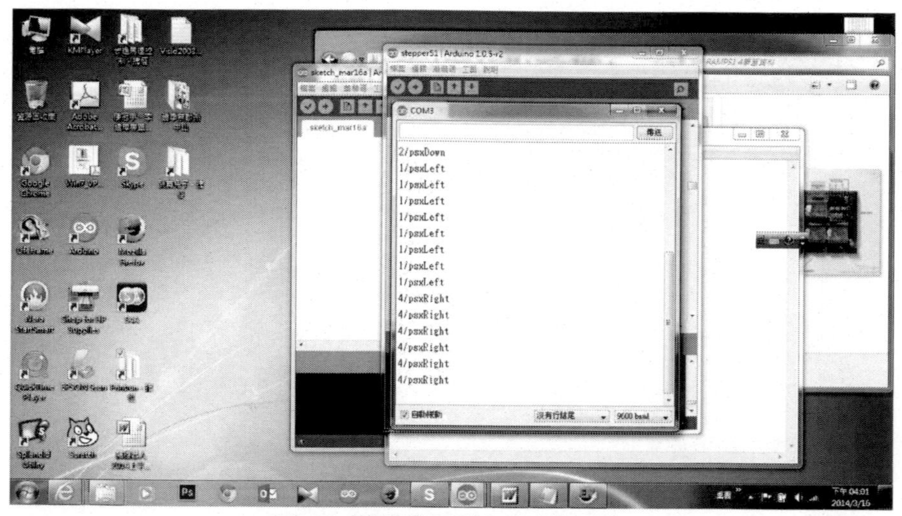

圖 82 模擬噴墨列表機列印動作

最後我們發現一切都按照我們設計的程式流程運行，這個階段的實驗便告一個段落。

章節小結

本書實驗到此，已經將一個具有原有以步進馬達為驅動動力之噴墨列表機：透過原有列印機構，將機構動作的功能完整性的設計出來，相信各位讀者透過以上章節的內容，一定可以一步一步的將列印機構控制器給予實作出來，在實驗當中，想必可以了解到使用最簡單的極限開關(Limit Switch)整合 TB6560 步進馬達驅動模組，可以實現原有噴墨列表機的印紙動作，並且在實作之中，可以控制其進紙動作，並可以將其噴墨列表機噴墨頭方向控制、左行進、右行進、進紙、退紙等方法，應用到更廣的領域，這將是讀者最大的收益。最後本書的內容，到此告一段落，感謝讀者閱讀與指教。筆者不勝感激。

本書總結

到此作者已經介紹讀者步進馬達控制相關控制的範例與實作，相信讀者可以從本書『Arduino 步進馬達控制』見到許多與傳統教科書與網路上的範例不同的觀念與整合技術。

相信本書在有限的文字，透過一般 Arduino 開發板、整合 TB6560 步進馬達驅動版：如何使用通用型 Mega 2560 開發板，配合雙板 TB6560 步進馬達驅動版來同時驅動雙軸步進馬達控制等、一步一步製作出完整功能的列表機列印機構動作，讀者可以很深刻的了解到如何將所學到的電子暨資訊技術應用到日常所見的產品研發上，本系列叢書並不是教大家完全創新一個產品，而是透過常見的商業產品解析、進行拆解、並使用通用型 Arduino 開發板進而重製與延伸設計的寫作方式，了解目前學習到的技術，是如何應用到開發產品的過程，進而落實所學的技術。

本書忠於『如何轉化眾人技術為我的知識』的概念，一步一步模仿現有之列表機，但沒有重建產品機構，針對其專用開發板，了解原有產品的運作原理與方法，進而使用型 Arduino 開發板重製原有功能之外，並加入完整之步進馬達驅動版開發，並整合到列表機，如此一來，讀者就不會受限於任何產品套件的限制。如此一來，相信讀者在對原有產品有了解之基礎上，在進行『Arduino 步進馬達控制』過程之中，可以很有把握的了解自己正在進行什麼，而非針對許多邏輯化的需求進行開發。即使在進行中，許多需求轉化成實體的需求，讀者們仍然可以了解實體需求背後的技術領域，對於學習過程之中，因為實務需求導引著開發過程，讀者可以學習到，邏輯化思考與實務產出如何產生關連，透過產品認知可以更加了解其產品研發的技術領域與資訊技術應用，相信整個往後產品研發中，更有所助益。

作者介紹

曹永忠 (Yung-Chung Tsao)，國立中央大學資訊管理學系博士，專研於軟體工程、軟體開發與設計、物件導向程式設計、互動設計、單晶片設計與開發。現為自由作家，長期投入資訊系統設計與開發、企業應用系統開發、軟體工程、新產品開發管理、Arduino 開發應用、商品及人像攝影等領域，並持續發表作品及相關專業著作。

Email:prgbruce@gmail.com

網址：http://www.cs.pu.edu.tw/~yctsao/

範例網址：https://github.com/brucetsao/eStepper

許智誠 (Chih-Cheng Hsu)，美國加州大學洛杉磯分校(UCLA) 資訊工程系博士，曾任職於美國 IBM 等軟體公司多年，現任教於中央大學資訊管理學系副教授，主要研究為軟體工程、設計流程與自動化、數位教學、雲端裝置、多層式網頁系統、系統整合。

Email: khsu@mgt.ncu.edu.tw

蔡英德 (Yin-Te Tsai)，國立清華大學資訊科學系博士，目前是靜宜大學資訊傳播工程學系教授、台灣資訊傳播學會理事長、靜宜大學主任秘書、計算機及通訊中心主任，主要研究為演算法設計與分析、生物資訊、軟體開發。

Email:yttsai@pu.edu.tw

附錄

Stepper 函式庫

本書使用的步進馬達 Stepper 函式庫，乃是 Arduino 官網 http://arduino.cc/en/Reference/Stepper，所使用的 library ，讀者可到官網下載其函式庫。

Stepper.cpp

```
/*
  Stepper.cpp - - Stepper library for Wiring/Arduino - Version 0.4

  Original library         (0.1) by Tom Igoe.
  Two-wire modifications      (0.2) by Sebastian Gassner
  Combination version      (0.3) by Tom Igoe and David Mellis
  Bug fix for four-wire      (0.4) by Tom Igoe, bug fix from Noah Shibley

  Drives a unipolar or bipolar stepper motor using   2 wires or 4 wires

  When wiring multiple stepper motors to a microcontroller,
  you quickly run out of output pins, with each motor requiring 4 connections.

  By making use of the fact that at any time two of the four motor
  coils are the inverse   of the other two, the number of
  control connections can be reduced from 4 to 2.

  A slightly modified circuit around a Darlington transistor array or an L293
H-bridge
  connects to only 2 microcontroler pins, inverts the signals received,
  and delivers the 4 (2 plus 2 inverted ones) output signals required
  for driving a stepper motor.

  The sequence of control signals for 4 control wires is as follows:
```

```
   Step C0 C1 C2 C3
      1  1  0  1  0
      2  0  1  1  0
      3  0  1  0  1
      4  1  0  0  1

   The sequence of controls signals for 2 control wires is as follows
   (columns C1 and C2 from above):

   Step C0 C1
      1  0  1
      2  1  1
      3  1  0
      4  0  0

   The circuits can be found at

http://www.arduino.cc/en/Tutorial/Stepper


 */


#include "Arduino.h"
#include "Stepper.h"

/*
 * two-wire constructor.
 * Sets which wires should control the motor.
 */
Stepper::Stepper(int number_of_steps, int motor_pin_1, int motor_pin_2)
{
   this->step_number = 0;          // which step the motor is on
   this->speed = 0;              // the motor speed, in revolutions per minute
   this->direction = 0;          // motor direction
   this->last_step_time = 0;      // time stamp in ms of the last step taken
   this->number_of_steps = number_of_steps;     // total number of steps for this
motor
```

```
    // Arduino pins for the motor control connection:
    this->motor_pin_1 = motor_pin_1;
    this->motor_pin_2 = motor_pin_2;

    // setup the pins on the microcontroller:
    pinMode(this->motor_pin_1, OUTPUT);
    pinMode(this->motor_pin_2, OUTPUT);

    // When there are only 2 pins, set the other two to 0:
    this->motor_pin_3 = 0;
    this->motor_pin_4 = 0;

    // pin_count is used by the stepMotor() method:
    this->pin_count = 2;
  }


  /*
   *    constructor for four-pin version
   *    Sets which wires should control the motor.
   */

  Stepper::Stepper(int number_of_steps, int motor_pin_1, int motor_pin_2, int mo-
tor_pin_3, int motor_pin_4)
  {
    this->step_number = 0;        // which step the motor is on
    this->speed = 0;          // the motor speed, in revolutions per minute
    this->direction = 0;        // motor direction
    this->last_step_time = 0;     // time stamp in ms of the last step taken
    this->number_of_steps = number_of_steps;     // total number of steps for this
motor

    // Arduino pins for the motor control connection:
    this->motor_pin_1 = motor_pin_1;
    this->motor_pin_2 = motor_pin_2;
    this->motor_pin_3 = motor_pin_3;
    this->motor_pin_4 = motor_pin_4;
```

```
    // setup the pins on the microcontroller:
    pinMode(this->motor_pin_1, OUTPUT);
    pinMode(this->motor_pin_2, OUTPUT);
    pinMode(this->motor_pin_3, OUTPUT);
    pinMode(this->motor_pin_4, OUTPUT);

    // pin_count is used by the stepMotor() method:
    this->pin_count = 4;
  }

  /*
    Sets the speed in revs per minute

  */
  void Stepper::setSpeed(long whatSpeed)
  {
    this->step_delay = 60L * 1000L / this->number_of_steps / whatSpeed;
  }

  /*
    Moves the motor steps_to_move steps.   If the number is negative,
      the motor moves in the reverse direction.
   */
  void Stepper::step(int steps_to_move)
  {
    int steps_left = abs(steps_to_move);   // how many steps to take

    // determine direction based on whether steps_to_mode is + or -:
    if (steps_to_move > 0) {this->direction = 1;}
    if (steps_to_move < 0) {this->direction = 0;}


    // decrement the number of steps, moving one step each time:
    while(steps_left > 0) {
    // move only if the appropriate delay has passed:
    if (millis() - this->last_step_time >= this->step_delay) {
          // get the timeStamp of when you stepped:
```

```
            this->last_step_time = millis();
            // increment or decrement the step number,
            // depending on direction:
            if (this->direction == 1) {
              this->step_number++;
              if (this->step_number == this->number_of_steps) {
                this->step_number = 0;
              }
            }
            else {
              if (this->step_number == 0) {
                this->step_number = this->number_of_steps;
              }
              this->step_number--;
            }
            // decrement the steps left:
            steps_left--;
            // step the motor to step number 0, 1, 2, or 3:
            stepMotor(this->step_number % 4);
        }
    }
}

/*
 * Moves the motor forward or backwards.
 */
void Stepper::stepMotor(int thisStep)
{
  if (this->pin_count == 2) {
    switch (thisStep) {
      case 0: /* 01 */
      digitalWrite(motor_pin_1, LOW);
      digitalWrite(motor_pin_2, HIGH);
      break;
      case 1: /* 11 */
      digitalWrite(motor_pin_1, HIGH);
      digitalWrite(motor_pin_2, HIGH);
      break;
```

```
        case 2: /* 10 */
        digitalWrite(motor_pin_1, HIGH);
        digitalWrite(motor_pin_2, LOW);
        break;
        case 3: /* 00 */
        digitalWrite(motor_pin_1, LOW);
        digitalWrite(motor_pin_2, LOW);
        break;
    }
  }
  if (this->pin_count == 4) {
    switch (thisStep) {
        case 0:     // 1010
        digitalWrite(motor_pin_1, HIGH);
        digitalWrite(motor_pin_2, LOW);
        digitalWrite(motor_pin_3, HIGH);
        digitalWrite(motor_pin_4, LOW);
        break;
        case 1:     // 0110
        digitalWrite(motor_pin_1, LOW);
        digitalWrite(motor_pin_2, HIGH);
        digitalWrite(motor_pin_3, HIGH);
        digitalWrite(motor_pin_4, LOW);
        break;
        case 2:     //0101
        digitalWrite(motor_pin_1, LOW);
        digitalWrite(motor_pin_2, HIGH);
        digitalWrite(motor_pin_3, LOW);
        digitalWrite(motor_pin_4, HIGH);
        break;
        case 3:     //1001
        digitalWrite(motor_pin_1, HIGH);
        digitalWrite(motor_pin_2, LOW);
        digitalWrite(motor_pin_3, LOW);
        digitalWrite(motor_pin_4, HIGH);
        break;
    }
  }
```

```
    }

    /*
      version() returns the version of the library:
    */
    int Stepper::version(void)
    {
      return 4;
    }
```

資料來源：http://arduino.cc/en/Reference/Stepper

Stepper.h

```
/*
   Stepper.h - - Stepper library for Wiring/Arduino - Version 0.4

   Original library         (0.1) by Tom Igoe.
   Two-wire modifications      (0.2) by Sebastian Gassner
   Combination version      (0.3) by Tom Igoe and David Mellis
   Bug fix for four-wire      (0.4) by Tom Igoe, bug fix from Noah Shibley

   Drives a unipolar or bipolar stepper motor using   2 wires or 4 wires

   When wiring multiple stepper motors to a microcontroller,
   you quickly run out of output pins, with each motor requiring 4 connections.

   By making use of the fact that at any time two of the four motor
   coils are the inverse   of the other two, the number of
   control connections can be reduced from 4 to 2.

   A slightly modified circuit around a Darlington transistor array or an L293 H-bridge
   connects to only 2 microcontroler pins, inverts the signals received,
   and delivers the 4 (2 plus 2 inverted ones) output signals required
   for driving a stepper motor.
```

Stepper.**h**

```
   The sequence of control signals for 4 control wires is as follows:

   Step C0 C1 C2 C3
      1  1  0  1  0
      2  0  1  1  0
      3  0  1  0  1
      4  1  0  0  1

   The sequence of controls signals for 2 control wires is as follows
   (columns C1 and C2 from above):

   Step C0 C1
      1  0  1
      2  1  1
      3  1  0
      4  0  0

   The circuits can be found at
   http://www.arduino.cc/en/Tutorial/Stepper
*/

// ensure this library description is only included once
#ifndef Stepper_h
#define Stepper_h

// library interface description
class Stepper {
  public:
    // constructors:
    Stepper(int number_of_steps, int motor_pin_1, int motor_pin_2);
    Stepper(int number_of_steps, int motor_pin_1, int motor_pin_2, int motor_pin_3,
int motor_pin_4);

    // speed setter method:
    void setSpeed(long whatSpeed);
```

Stepper.h

```
    // mover method:
    void step(int number_of_steps);

    int version(void);

  private:
    void stepMotor(int this_step);

    int direction;              // Direction of rotation
    int speed;                  // Speed in RPMs
    unsigned long step_delay;       // delay between steps, in ms, based on speed
    int number_of_steps;            // total number of steps this motor can take
    int pin_count;              // whether you're driving the motor with 2 or 4 pins
    int step_number;              // which step the motor is on

    // motor pin numbers:
    int motor_pin_1;
    int motor_pin_2;
    int motor_pin_3;
    int motor_pin_4;

    long last_step_time;          // time stamp in ms of when the last step was taken
};

#endif
```

資料來源：http://arduino.cc/en/Reference/Stepper

Motor Shield 函式庫

本書使用的 Motor Shield，乃是 Adafruit Industries 在其 github 網站分享函式庫，讀者可以到 https://github.com/adafruit/Adafruit-Motor-Shield-library 下載其函式庫(Adafruit_Industries, 2013)，提供的 Motor Shield 所使用的 library，特感謝 Adafruit Industries 提供。

AFMotor.cpp

```
// Adafruit Motor shield library
// copyright Adafruit Industries LLC, 2009
// this code is public domain, enjoy!


#if (ARDUINO >= 100)
  #include "Arduino.h"
#else
  #if defined(__AVR__)
    #include <avr/io.h>
  #endif
  #include "WProgram.h"
#endif

#include "AFMotor.h"



static uint8_t latch_state;

#if (MICROSTEPS == 8)
uint8_t microstepcurve[] = {0, 50, 98, 142, 180, 212, 236, 250, 255};
#elif (MICROSTEPS == 16)
uint8_t microstepcurve[] = {0, 25, 50, 74, 98, 120, 141, 162, 180, 197, 212, 225,
236, 244, 250, 253, 255};
#endif

AFMotorController::AFMotorController(void) {
```

```
        TimerInitalized = false;
}

void AFMotorController::enable(void) {
  // setup the latch
  /*
  LATCH_DDR |= _BV(LATCH);
  ENABLE_DDR |= _BV(ENABLE);
  CLK_DDR |= _BV(CLK);
  SER_DDR |= _BV(SER);
  */
  pinMode(MOTORLATCH, OUTPUT);
  pinMode(MOTORENABLE, OUTPUT);
  pinMode(MOTORDATA, OUTPUT);
  pinMode(MOTORCLK, OUTPUT);

  latch_state = 0;

  latch_tx();  // "reset"

  //ENABLE_PORT &= ~_BV(ENABLE); // enable the chip outputs!
  digitalWrite(MOTORENABLE, LOW);
}


void AFMotorController::latch_tx(void) {
  uint8_t i;

  //LATCH_PORT &= ~_BV(LATCH);
  digitalWrite(MOTORLATCH, LOW);

  //SER_PORT &= ~_BV(SER);
  digitalWrite(MOTORDATA, LOW);

  for (i=0; i<8; i++) {
    //CLK_PORT &= ~_BV(CLK);
    digitalWrite(MOTORCLK, LOW);
```

```
        if (latch_state & _BV(7-i)) {
          //SER_PORT |= _BV(SER);
          digitalWrite(MOTORDATA, HIGH);
        } else {
          //SER_PORT &= ~_BV(SER);
          digitalWrite(MOTORDATA, LOW);
        }
        //CLK_PORT |= _BV(CLK);
        digitalWrite(MOTORCLK, HIGH);
      }
      //LATCH_PORT |= _BV(LATCH);
      digitalWrite(MOTORLATCH, HIGH);
    }

    static AFMotorController MC;

    /******************************************
                        MOTORS
    ******************************************/
    inline void initPWM1(uint8_t freq) {
    #if defined(__AVR_ATmega8__) || \
        defined(__AVR_ATmega48__) || \
        defined(__AVR_ATmega88__) || \
        defined(__AVR_ATmega168__) || \
        defined(__AVR_ATmega328P__)
        // use PWM from timer2A on PB3 (Arduino pin #11)
        TCCR2A |= _BV(COM2A1) | _BV(WGM20) | _BV(WGM21); // fast PWM,
turn on oc2a
        TCCR2B = freq & 0x7;
        OCR2A = 0;
    #elif defined(__AVR_ATmega1280__) || defined(__AVR_ATmega2560__)
        // on arduino mega, pin 11 is now PB5 (OC1A)
        TCCR1A |= _BV(COM1A1) | _BV(WGM10); // fast PWM, turn on oc1a
        TCCR1B = (freq & 0x7) | _BV(WGM12);
        OCR1A = 0;
    #elif defined(__PIC32MX__)
        #if defined(PIC32_USE_PIN9_FOR_M1_PWM)
            // Make sure that pin 11 is an input, since we have tied together 9 and 11
```

```
            pinMode(9, OUTPUT);
            pinMode(11, INPUT);
            if (!MC.TimerInitalized)
            {    // Set up Timer2 for 80MHz counting fro 0 to 256
                T2CON = 0x8000 | ((freq & 0x07) << 4); // ON=1, FRZ=0,
SIDL=0, TGATE=0, TCKPS=<freq>, T32=0, TCS=0; // ON=1, FRZ=0, SIDL=0,
TGATE=0, TCKPS=0, T32=0, TCS=0
                TMR2 = 0x0000;
                PR2 = 0x0100;
                MC.TimerInitalized = true;
            }
             // Setup OC4 (pin 9) in PWM mode, with Timer2 as timebase
            OC4CON = 0x8006;        // OC32 = 0, OCTSEL=0, OCM=6
            OC4RS = 0x0000;
            OC4R = 0x0000;
        #elif defined(PIC32_USE_PIN10_FOR_M1_PWM)
            // Make sure that pin 11 is an input, since we have tied together 9 and 11
            pinMode(10, OUTPUT);
            pinMode(11, INPUT);
            if (!MC.TimerInitalized)
            {    // Set up Timer2 for 80MHz counting fro 0 to 256
                T2CON = 0x8000 | ((freq & 0x07) << 4); // ON=1, FRZ=0,
SIDL=0, TGATE=0, TCKPS=<freq>, T32=0, TCS=0; // ON=1, FRZ=0, SIDL=0,
TGATE=0, TCKPS=0, T32=0, TCS=0
                TMR2 = 0x0000;
                PR2 = 0x0100;
                MC.TimerInitalized = true;
            }
             // Setup OC5 (pin 10) in PWM mode, with Timer2 as timebase
            OC5CON = 0x8006;        // OC32 = 0, OCTSEL=0, OCM=6
            OC5RS = 0x0000;
            OC5R = 0x0000;
        #else
            // If we are not using PWM for pin 11, then just do digital
            digitalWrite(11, LOW);
        #endif
    #else
        #error "This chip is not supported!"
```

```
    #endif
        #if !defined(PIC32_USE_PIN9_FOR_M1_PWM) && !de-
fined(PIC32_USE_PIN10_FOR_M1_PWM)
            pinMode(11, OUTPUT);
        #endif
    }

    inline void setPWM1(uint8_t s) {
    #if defined(__AVR_ATmega8__) || \
        defined(__AVR_ATmega48__) || \
        defined(__AVR_ATmega88__) || \
        defined(__AVR_ATmega168__) || \
        defined(__AVR_ATmega328P__)
        // use PWM from timer2A on PB3 (Arduino pin #11)
        OCR2A = s;
    #elif defined(__AVR_ATmega1280__) || defined(__AVR_ATmega2560__)
        // on arduino mega, pin 11 is now PB5 (OC1A)
        OCR1A = s;
    #elif defined(__PIC32MX__)
        #if defined(PIC32_USE_PIN9_FOR_M1_PWM)
            // Sct the OC4 (pin 9) PMW duty cycle from 0 to 255
            OC4RS = s;
        #elif defined(PIC32_USE_PIN10_FOR_M1_PWM)
            // Set the OC5 (pin 10) PMW duty cycle from 0 to 255
            OC5RS = s;
        #else
            // If we are not doing PWM output for M1, then just use on/off
            if (s > 127)
            {
                digitalWrite(11, HIGH);
            }
            else
            {
                digitalWrite(11, LOW);
            }
        #endif
    #else
      #error "This chip is not supported!"
```

```
#endif
}

inline void initPWM2(uint8_t freq) {
#if defined(__AVR_ATmega8__) || \
    defined(__AVR_ATmega48__) || \
    defined(__AVR_ATmega88__) || \
    defined(__AVR_ATmega168__) || \
    defined(__AVR_ATmega328P__)
    // use PWM from timer2B (pin 3)
    TCCR2A |= _BV(COM2B1) | _BV(WGM20) | _BV(WGM21); // fast PWM,
turn on oc2b
    TCCR2B = freq & 0x7;
    OCR2B = 0;
#elif defined(__AVR_ATmega1280__) || defined(__AVR_ATmega2560__)
    // on arduino mega, pin 3 is now PE5 (OC3C)
    TCCR3A |= _BV(COM1C1) | _BV(WGM10); // fast PWM, turn on oc3c
    TCCR3B = (freq & 0x7) | _BV(WGM12);
    OCR3C = 0;
#elif defined(__PIC32MX__)
    if (!MC.TimerInitalized)
    {    // Set up Timer2 for 80MHz counting fro 0 to 256
        T2CON = 0x8000 | ((freq & 0x07) << 4); // ON=1, FRZ=0, SIDL=0,
TGATE=0, TCKPS=<freq>, T32=0, TCS=0; // ON=1, FRZ=0, SIDL=0, TGATE=0,
TCKPS=0, T32=0, TCS=0
        TMR2 = 0x0000;
        PR2 = 0x0100;
        MC.TimerInitalized = true;
    }
    // Setup OC1 (pin3) in PWM mode, with Timer2 as timebase
    OC1CON = 0x8006;     // OC32 = 0, OCTSEL=0, OCM=6
    OC1RS = 0x0000;
    OC1R = 0x0000;
#else
    #error "This chip is not supported!"
#endif

    pinMode(3, OUTPUT);
```

```
}

inline void setPWM2(uint8_t s) {
#if defined(__AVR_ATmega8__) || \
    defined(__AVR_ATmega48__) || \
    defined(__AVR_ATmega88__) || \
    defined(__AVR_ATmega168__) || \
    defined(__AVR_ATmega328P__)
    // use PWM from timer2A on PB3 (Arduino pin #11)
    OCR2B = s;
#elif defined(__AVR_ATmega1280__) || defined(__AVR_ATmega2560__)
    // on arduino mega, pin 11 is now PB5 (OC1A)
    OCR3C = s;
#elif defined(__PIC32MX__)
    // Set the OC1 (pin3) PMW duty cycle from 0 to 255
    OC1RS = s;
#else
   #error "This chip is not supported!"
#endif
}

inline void initPWM3(uint8_t freq) {
#if defined(__AVR_ATmega8__) || \
    defined(__AVR_ATmega48__) || \
    defined(__AVR_ATmega88__) || \
    defined(__AVR_ATmega168__) || \
    defined(__AVR_ATmega328P__)
    // use PWM from timer0A / PD6 (pin 6)
    TCCR0A |= _BV(COM0A1) | _BV(WGM00) | _BV(WGM01); // fast PWM,
turn on OC0A
    //TCCR0B = freq & 0x7;
    OCR0A = 0;
#elif defined(__AVR_ATmega1280__) || defined(__AVR_ATmega2560__)
    // on arduino mega, pin 6 is now PH3 (OC4A)
    TCCR4A |= _BV(COM1A1) | _BV(WGM10); // fast PWM, turn on oc4a
    TCCR4B = (freq & 0x7) | _BV(WGM12);
    //TCCR4B = 1 | _BV(WGM12);
    OCR4A = 0;
```

```
#elif defined(__PIC32MX__)
    if (!MC.TimerInitalized)
    {   // Set up Timer2 for 80MHz counting fro 0 to 256
        T2CON = 0x8000 | ((freq & 0x07) << 4); // ON=1, FRZ=0, SIDL=0,
TGATE=0, TCKPS=<freq>, T32=0, TCS=0; // ON=1, FRZ=0, SIDL=0, TGATE=0,
TCKPS=0, T32=0, TCS=0
        TMR2 = 0x0000;
        PR2 = 0x0100;
        MC.TimerInitalized = true;
    }
    // Setup OC3 (pin 6) in PWM mode, with Timer2 as timebase
    OC3CON = 0x8006;        // OC32 = 0, OCTSEL=0, OCM=6
    OC3RS = 0x0000;
    OC3R = 0x0000;
#else
  #error "This chip is not supported!"
#endif
    pinMode(6, OUTPUT);
}

inline void setPWM3(uint8_t s) {
#if defined(__AVR_ATmega8__) || \
    defined(__AVR_ATmega48__) || \
    defined(__AVR_ATmega88__) || \
    defined(__AVR_ATmega168__) || \
    defined(__AVR_ATmega328P__)
    // use PWM from timer0A on PB3 (Arduino pin #6)
    OCR0A = s;
#elif defined(__AVR_ATmega1280__) || defined(__AVR_ATmega2560__)
    // on arduino mega, pin 6 is now PH3 (OC4A)
    OCR4A = s;
#elif defined(__PIC32MX__)
    // Set the OC3 (pin 6) PMW duty cycle from 0 to 255
    OC3RS = s;
#else
  #error "This chip is not supported!"
#endif
}
```

```
inline void initPWM4(uint8_t freq) {
#if defined(__AVR_ATmega8__) || \
        defined(__AVR_ATmega48__) || \
        defined(__AVR_ATmega88__) || \
        defined(__AVR_ATmega168__) || \
        defined(__AVR_ATmega328P__)
        // use PWM from timer0B / PD5 (pin 5)
        TCCR0A |= _BV(COM0B1) | _BV(WGM00) | _BV(WGM01); // fast PWM,
turn on oc0a
        //TCCR0B = freq & 0x7;
        OCR0B = 0;
#elif defined(__AVR_ATmega1280__) || defined(__AVR_ATmega2560__)
        // on arduino mega, pin 5 is now PE3 (OC3A)
        TCCR3A |= _BV(COM1A1) | _BV(WGM10); // fast PWM, turn on oc3a
        TCCR3B = (freq & 0x7) | _BV(WGM12);
        //TCCR4B = 1 | _BV(WGM12);
        OCR3A = 0;
#elif defined(__PIC32MX__)
        if (!MC.TimerInitalized)
        {       // Set up Timer2 for 80MHz counting fro 0 to 256
                T2CON = 0x8000 | ((freq & 0x07) << 4); // ON=1, FRZ=0, SIDL=0,
TGATE=0, TCKPS=<freq>, T32=0, TCS=0; // ON=1, FRZ=0, SIDL=0, TGATE=0,
TCKPS=0, T32=0, TCS=0
                TMR2 = 0x0000;
                PR2 = 0x0100;
                MC.TimerInitalized = true;
        }
        // Setup OC2 (pin 5) in PWM mode, with Timer2 as timebase
        OC2CON = 0x8006;        // OC32 = 0, OCTSEL=0, OCM=6
        OC2RS = 0x0000;
        OC2R = 0x0000;
#else
    #error "This chip is not supported!"
#endif
        pinMode(5, OUTPUT);
```

```
}

inline void setPWM4(uint8_t s) {
#if defined(__AVR_ATmega8__) || \
    defined(__AVR_ATmega48__) || \
    defined(__AVR_ATmega88__) || \
    defined(__AVR_ATmega168__) || \
    defined(__AVR_ATmega328P__)
    // use PWM from timer0A on PB3 (Arduino pin #6)
    OCR0B = s;
#elif defined(__AVR_ATmega1280__) || defined(__AVR_ATmega2560__)
    // on arduino mega, pin 6 is now PH3 (OC4A)
    OCR3A = s;
#elif defined(__PIC32MX__)
    // Set the OC2 (pin 5) PMW duty cycle from 0 to 255
    OC2RS = s;
#clse
   #error "This chip is not supported!"
#endif
}

AF_DCMotor::AF_DCMotor(uint8_t num, uint8_t freq) {
  motornum = num;
  pwmfreq = freq;

  MC.enable();

  switch (num) {
  case 1:
    latch_state &= ~_BV(MOTOR1_A) & ~_BV(MOTOR1_B); // set both motor
pins to 0
    MC.latch_tx();
    initPWM1(freq);
    break;
  case 2:
    latch_state &= ~_BV(MOTOR2_A) & ~_BV(MOTOR2_B); // set both motor
pins to 0
    MC.latch_tx();
```

```
            initPWM2(freq);
            break;
        case 3:
            latch_state &= ~_BV(MOTOR3_A) & ~_BV(MOTOR3_B); // set both motor
pins to 0
            MC.latch_tx();
            initPWM3(freq);
            break;
        case 4:
            latch_state &= ~_BV(MOTOR4_A) & ~_BV(MOTOR4_B); // set both motor
pins to 0
            MC.latch_tx();
            initPWM4(freq);
            break;
        }
    }

    void AF_DCMotor::run(uint8_t cmd) {
        uint8_t a, b;
        switch (motornum) {
        case 1:
            a = MOTOR1_A; b = MOTOR1_B; break;
        case 2:
            a = MOTOR2_A; b = MOTOR2_B; break;
        case 3:
            a = MOTOR3_A; b = MOTOR3_B; break;
        case 4:
            a = MOTOR4_A; b = MOTOR4_B; break;
        default:
            return;
        }

        switch (cmd) {
        case FORWARD:
            latch_state |= _BV(a);
            latch_state &= ~_BV(b);
            MC.latch_tx();
            break;
```

```
  case BACKWARD:
    latch_state &= ~_BV(a);
    latch_state |= _BV(b);
    MC.latch_tx();
    break;
  case RELEASE:
    latch_state &= ~_BV(a);        // A and B both low
    latch_state &= ~_BV(b);
    MC.latch_tx();
    break;
  }
}

void AF_DCMotor::setSpeed(uint8_t speed) {
  switch (motornum) {
  case 1:
    setPWM1(speed); break;
  case 2:
    setPWM2(speed); break;
  case 3:
    setPWM3(speed); break;
  case 4:
    setPWM4(speed); break;
  }
}

/******************************************
               STEPPERS
******************************************/

AF_Stepper::AF_Stepper(uint16_t steps, uint8_t num) {
  MC.enable();

  revsteps = steps;
  steppernum = num;
  currentstep = 0;

  if (steppernum == 1) {
```

```
      latch_state &= ~_BV(MOTOR1_A) & ~_BV(MOTOR1_B) &
        ~_BV(MOTOR2_A) & ~_BV(MOTOR2_B); // all motor pins to 0
      MC.latch_tx();

      // enable both H bridges
      pinMode(11, OUTPUT);
      pinMode(3, OUTPUT);
      digitalWrite(11, HIGH);
      digitalWrite(3, HIGH);

      // use PWM for microstepping support
      initPWM1(STEPPER1_PWM_RATE);
      initPWM2(STEPPER1_PWM_RATE);
      setPWM1(255);
      setPWM2(255);

    } else if (steppernum == 2) {
      latch_state &= ~_BV(MOTOR3_A) & ~_BV(MOTOR3_B) &
        ~_BV(MOTOR4_A) & ~_BV(MOTOR4_B); // all motor pins to 0
      MC.latch_tx();

      // enable both H bridges
      pinMode(5, OUTPUT);
      pinMode(6, OUTPUT);
      digitalWrite(5, HIGH);
      digitalWrite(6, HIGH);

      // use PWM for microstepping support
      // use PWM for microstepping support
      initPWM3(STEPPER2_PWM_RATE);
      initPWM4(STEPPER2_PWM_RATE);
      setPWM3(255);
      setPWM4(255);
    }
}

void AF_Stepper::setSpeed(uint16_t rpm) {
  usperstep = 60000000 / ((uint32_t)revsteps * (uint32_t)rpm);
```

```
    steppingcounter = 0;
  }

  void AF_Stepper::release(void) {
    if (steppernum == 1) {
      latch_state &= ~_BV(MOTOR1_A) & ~_BV(MOTOR1_B) &
        ~_BV(MOTOR2_A) & ~_BV(MOTOR2_B); // all motor pins to 0
      MC.latch_tx();
    } else if (steppernum == 2) {
      latch_state &= ~_BV(MOTOR3_A) & ~_BV(MOTOR3_B) &
        ~_BV(MOTOR4_A) & ~_BV(MOTOR4_B); // all motor pins to 0
      MC.latch_tx();
    }
  }

  void AF_Stepper::step(uint16_t steps, uint8_t dir,   uint8_t style) {
    uint32_t uspers = usperstep;
    uint8_t ret = 0;

    if (style == INTERLEAVE) {
      uspers /= 2;
    }
   else if (style == MICROSTEP) {
      uspers /= MICROSTEPS;
      steps *= MICROSTEPS;
#ifdef MOTORDEBUG
      Serial.print("steps = "); Serial.println(steps, DEC);
#endif
    }

    while (steps--) {
      ret = onestep(dir, style);
      delay(uspers/1000); // in ms
      steppingcounter += (uspers % 1000);
      if (steppingcounter >= 1000) {
        delay(1);
        steppingcounter -= 1000;
      }
```

```
  }
  if (style == MICROSTEP) {
    while ((ret != 0) && (ret != MICROSTEPS)) {
      ret = onestep(dir, style);
      delay(uspers/1000); // in ms
      steppingcounter += (uspers % 1000);
      if (steppingcounter >= 1000) {
    delay(1);
    steppingcounter -= 1000;
      }
    }
  }
}

uint8_t AF_Stepper::onestep(uint8_t dir, uint8_t style) {
  uint8_t a, b, c, d;
  uint8_t ocrb, ocra;

  ocra = ocrb = 255;

  if (steppernum == 1) {
    a = _BV(MOTOR1_A);
    b = _BV(MOTOR2_A);
    c = _BV(MOTOR1_B);
    d = _BV(MOTOR2_B);
  } else if (steppernum == 2) {
    a = _BV(MOTOR3_A);
    b = _BV(MOTOR4_A);
    c = _BV(MOTOR3_B);
    d = _BV(MOTOR4_B);
  } else {
    return 0;
  }

  // next determine what sort of stepping procedure we're up to
  if (style == SINGLE) {
    if ((currentstep/(MICROSTEPS/2)) % 2) { // we're at an odd step, weird
      if (dir == FORWARD) {
```

```
        currentstep += MICROSTEPS/2;
          }
          else {
        currentstep -= MICROSTEPS/2;
          }
        } else {                    // go to the next even step
          if (dir == FORWARD) {
        currentstep += MICROSTEPS;
          }
          else {
        currentstep -= MICROSTEPS;
          }
        }
      } else if (style == DOUBLE) {
        if (! (currentstep/(MICROSTEPS/2) % 2)) { // we're at an even step, weird
          if (dir == FORWARD) {
        currentstep += MICROSTEPS/2;
          } else {
        currentstep -= MICROSTEPS/2;
          }
        } else {                    // go to the next odd step
          if (dir == FORWARD) {
        currentstep += MICROSTEPS;
          } else {
        currentstep -= MICROSTEPS;
          }
        }
      } else if (style == INTERLEAVE) {
        if (dir == FORWARD) {
           currentstep += MICROSTEPS/2;
        } else {
           currentstep -= MICROSTEPS/2;
        }
      }

      if (style == MICROSTEP) {
        if (dir == FORWARD) {
          currentstep++;
```

```
        } else {
          // BACKWARDS
          currentstep--;
        }

        currentstep += MICROSTEPS*4;
        currentstep %= MICROSTEPS*4;

        ocra = ocrb = 0;
        if ( (currentstep >= 0) && (currentstep < MICROSTEPS)) {
          ocra = microstepcurve[MICROSTEPS - currentstep];
          ocrb = microstepcurve[currentstep];
        } else if  ( (currentstep >= MICROSTEPS) && (currentstep <
MICROSTEPS*2)) {
          ocra = microstepcurve[currentstep - MICROSTEPS];
          ocrb = microstepcurve[MICROSTEPS*2 - currentstep];
        } else if  ( (currentstep >= MICROSTEPS*2) && (currentstep <
MICROSTEPS*3)) {
          ocra = microstepcurve[MICROSTEPS*3 - currentstep];
          ocrb = microstepcurve[currentstep - MICROSTEPS*2];
        } else if  ( (currentstep >= MICROSTEPS*3) && (currentstep <
MICROSTEPS*4)) {
          ocra = microstepcurve[currentstep - MICROSTEPS*3];
          ocrb = microstepcurve[MICROSTEPS*4 - currentstep];
        }
      }

      currentstep += MICROSTEPS*4;
      currentstep %= MICROSTEPS*4;

    #ifdef MOTORDEBUG
      Serial.print("current step: "); Serial.println(currentstep, DEC);
      Serial.print(" pwmA = "); Serial.print(ocra, DEC);
      Serial.print(" pwmB = "); Serial.println(ocrb, DEC);
    #endif

      if (steppernum == 1) {
        setPWM1(ocra);
```

```
    setPWM2(ocrb);
  } else if (steppernum == 2) {
    setPWM3(ocra);
    setPWM4(ocrb);
  }


  // release all
  latch_state &= ~a & ~b & ~c & ~d; // all motor pins to 0

  //Serial.println(step, DEC);
  if (style == MICROSTEP) {
    if ((currentstep >= 0) && (currentstep < MICROSTEPS))
      latch_state |= a | b;
    if ((currentstep >= MICROSTEPS) && (currentstep < MICROSTEPS*2))
      latch_state |= b | c;
    if ((currentstep >= MICROSTEPS*2) && (currentstep < MICROSTEPS*3))
      latch_state |= c | d;
    if ((currentstep >= MICROSTEPS*3) && (currentstep < MICROSTEPS*4))
      latch_state |= d | a;
  } else {
    switch (currentstep/(MICROSTEPS/2)) {
    case 0:
      latch_state |= a; // energize coil 1 only
      break;
    case 1:
      latch_state |= a | b; // energize coil 1+2
      break;
    case 2:
      latch_state |= b; // energize coil 2 only
      break;
    case 3:
      latch_state |= b | c; // energize coil 2+3
      break;
    case 4:
      latch_state |= c; // energize coil 3 only
      break;
    case 5:
```

```
            latch_state |= c | d; // energize coil 3+4
            break;
        case 6:
            latch_state |= d; // energize coil 4 only
            break;
        case 7:
            latch_state |= d | a; // energize coil 1+4
            break;
        }
    }



    MC.latch_tx();
    return currentstep;
}
```

資料來源：https://github.com/adafruit/Adafruit-Motor-Shield-library

```
AFMotor.h
// Adafruit Motor shield library
// copyright Adafruit Industries LLC, 2009
// this code is public domain, enjoy!

/*
 * Usage Notes:
 * For PIC32, all features work properly with the following two exceptions:
 *
 * 1) Because the PIC32 only has 5 PWM outputs, and the AFMotor shield needs 6
 *     to completely operate (for for motor outputs and two for RC servos), the
 *     M1 motor output will not have PWM ability when used with a PIC32 board.
 *     However, there is a very simple workaround. If you need to drive a stepper
 *     or DC motor with PWM on motor output M1, you can use the PWM output
on pin
 *     9 or pin 10 (normally use for RC servo outputs on Arduino, not needed for
 *     RC servo outputs on PIC32) to drive the PWM input for M1 by simply put-
ting
```

```
 *      a jumber from pin 9 to pin 11 or pin 10 to pin 11. Then uncomment one of
the
 *      two #defines below to activate the PWM on either pin 9 or pin 10. You will
 *      then have a fully functional microstepping for 2 stepper motors, or four
 *      DC motor outputs with PWM.
 *
 * 2) There is a conflict between RC Servo outputs on pins 9 and pins 10 and
 *      the operation of DC motors and stepper motors as of 9/2012. This issue
 *      will get fixed in future MPIDE releases, but at the present time it means
 *      that the Motor Party example will NOT work properly. Any time you attach
 *      an RC servo to pins 9 or pins 10, ALL PWM outputs on the whole board
will
 *      stop working. Thus no steppers or DC motors.
 *
 */
// <BPS> 09/15/2012 Modified for use with chipKIT boards


#ifndef _AFMotor_h_
#define _AFMotor_h_

#include <inttypes.h>
#if defined(__AVR__)
    #include <avr/io.h>

    //#define MOTORDEBUG 1

    #define MICROSTEPS 16                        // 8 or 16

    #define MOTOR12_64KHZ _BV(CS20)              // no prescale
    #define MOTOR12_8KHZ _BV(CS21)               // divide by 8
    #define MOTOR12_2KHZ _BV(CS21) | _BV(CS20)   // divide by 32
    #define MOTOR12_1KHZ _BV(CS22)               // divide by 64

    #define MOTOR34_64KHZ _BV(CS00)              // no prescale
    #define MOTOR34_8KHZ _BV(CS01)               // divide by 8
    #define MOTOR34_1KHZ _BV(CS01) | _BV(CS00)   // divide by 64
```

```
        #define DC_MOTOR_PWM_RATE     MOTOR34_8KHZ       // PWM rate
for DC motors
        #define STEPPER1_PWM_RATE     MOTOR12_64KHZ      // PWM rate for
stepper 1
        #define STEPPER2_PWM_RATE     MOTOR34_64KHZ      // PWM rate for
stepper 2

    #elif defined(__PIC32MX__)
        //#define MOTORDEBUG 1

        // Uncomment the one of following lines if you have put a jumper from
        // either pin 9 to pin 11 or pin 10 to pin 11 on your Motor Shield.
        // Either will enable PWM for M1
        //#define PIC32_USE_PIN9_FOR_M1_PWM
        //#define PIC32_USE_PIN10_FOR_M1_PWM

        #define MICROSTEPS 16          // 8 or 16

        // For PIC32 Timers, define prescale settings by PWM frequency
        #define MOTOR12_312KHZ   0    // 1:1, actual frequency 312KHz
        #define MOTOR12_156KHZ   1    // 1:2, actual frequency 156KHz
        #define MOTOR12_64KHZ    2    // 1:4, actual frequency 78KHz
        #define MOTOR12_39KHZ    3    // 1:8, acutal frequency 39KHz
        #define MOTOR12_19KHZ    4    // 1:16, actual frequency 19KHz
        #define MOTOR12_8KHZ     5    // 1:32, actual frequency 9.7KHz
        #define MOTOR12_4_8KHZ   6    // 1:64, actual frequency 4.8KHz
        #define MOTOR12_2KHZ     7    // 1:256, actual frequency 1.2KHz
        #define MOTOR12_1KHZ     7    // 1:256, actual frequency 1.2KHz

        #define MOTOR34_312KHZ   0    // 1:1, actual frequency 312KHz
        #define MOTOR34_156KHZ   1    // 1:2, actual frequency 156KHz
        #define MOTOR34_64KHZ    2    // 1:4, actual frequency 78KHz
        #define MOTOR34_39KHZ    3    // 1:8, acutal frequency 39KHz
        #define MOTOR34_19KHZ    4    // 1:16, actual frequency 19KHz
        #define MOTOR34_8KHZ     5    // 1:32, actual frequency 9.7KHz
        #define MOTOR34_4_8KHZ   6    // 1:64, actual frequency 4.8KHz
        #define MOTOR34_2KHZ     7    // 1:256, actual frequency 1.2KHz
        #define MOTOR34_1KHZ     7    // 1:256, actual frequency 1.2KHz
```

```
    // PWM rate for DC motors.
    #define DC_MOTOR_PWM_RATE      MOTOR34_39KHZ
    // Note: for PIC32, both of these must be set to the same value
    // since there's only one timebase for all 4 PWM outputs
    #define STEPPER1_PWM_RATE      MOTOR12_39KHZ
    #define STEPPER2_PWM_RATE      MOTOR34_39KHZ

#endif

// Bit positions in the 74HCT595 shift register output
#define MOTOR1_A 2
#define MOTOR1_B 3
#define MOTOR2_A 1
#define MOTOR2_B 4
#define MOTOR4_A 0
#definc MOTOR4_B 6
#define MOTOR3_A 5
#define MOTOR3_B 7

// Constants that the user passes in to the motor calls
#define FORWARD 1
#define BACKWARD 2
#define BRAKE 3
#define RELEASE 4

// Constants that the user passes in to the stepper calls
#define SINGLE 1
#define DOUBLE 2
#define INTERLEAVE 3
#define MICROSTEP 4

/*
#define LATCH 4
#define LATCH_DDR DDRB
#define LATCH_PORT PORTB

#define CLK_PORT PORTD
```

```
#define CLK_DDR DDRD
#define CLK 4

#define ENABLE_PORT PORTD
#define ENABLE_DDR DDRD
#define ENABLE 7

#define SER 0
#define SER_DDR DDRB
#define SER_PORT PORTB
*/

// Arduino pin names for interface to 74HCT595 latch
#define MOTORLATCH 12
#define MOTORCLK 4
#define MOTORENABLE 7
#define MOTORDATA 8

class AFMotorController
{
   public:
      AFMotorController(void);
      void enable(void);
      friend class AF_DCMotor;
      void latch_tx(void);
      uint8_t TimerInitalized;
};

class AF_DCMotor
{
  public:
   AF_DCMotor(uint8_t motornum, uint8_t freq = DC_MOTOR_PWM_RATE);
   void run(uint8_t);
   void setSpeed(uint8_t);

  private:
   uint8_t motornum, pwmfreq;
};
```

```
class AF_Stepper {
 public:
  AF_Stepper(uint16_t, uint8_t);
  void step(uint16_t steps, uint8_t dir,   uint8_t style = SINGLE);
  void setSpeed(uint16_t);
  uint8_t onestep(uint8_t dir, uint8_t style);
  void release(void);
  uint16_t revsteps; // # steps per revolution
  uint8_t steppernum;
  uint32_t usperstep, steppingcounter;
 private:
  uint8_t currentstep;

};

uint8_t getlatchstate(void);

#endif
```

資料來源：https://github.com/adafruit/Adafruit-Motor-Shield-library

AccelStepper 函式庫

本書使用的 AccelStepper，乃是 Mike McCauley (mikem@airspayce.com) 在其 http://www.airspayce.com/mikem/arduino/AccelStepper/AccelStepper-1.39.zip 網站分享函式庫，讀者可以到 http://www.airspayce.com/mikem/arduino/AccelStepper/AccelStepper-1.39.zip 下載其函式庫，特感謝 Mike McCauley (mikem@airspayce.com)網路分享提供。

AccelStepper.cpp

```
// AccelStepper.cpp
//
// Copyright (C) 2009-2013 Mike McCauley
// $Id: AccelStepper.cpp,v 1.17 2013/08/02 01:53:21 mikem Exp mikem $

#include "AccelStepper.h"

#if 0
// Some debugging assistance
void dump(uint8_t* p, int l)
{
	int i;

	for (i = 0; i < l; i++)
	{
	Serial.print(p[i], HEX);
	Serial.print(" ");
	}
	Serial.println("");
}
#endif

void AccelStepper::moveTo(long absolute)
{
	if (_targetPos != absolute)
	{
```

```
	_targetPos = absolute;
	computeNewSpeed();
	// compute new n?
	}
}

void AccelStepper::move(long relative)
{
	moveTo(_currentPos + relative);
}

// Implements steps according to the current step interval
// You must call this at least once per step
// returns true if a step occurred
boolean AccelStepper::runSpeed()
{
	// Dont do anything unless we actually have a step interval
	if (!_stepInterval)
	return false;

	unsigned long time = micros();
	// Gymnastics to detect wrapping of either the nextStepTime and/or the current time
	unsigned long nextStepTime = _lastStepTime + _stepInterval;
	if (	((nextStepTime >= _lastStepTime) && ((time >= nextStepTime) || (time <
_lastStepTime)))
	|| ((nextStepTime < _lastStepTime) && ((time >= nextStepTime) && (time <
_lastStepTime))))

	{
	if (_direction == DIRECTION_CW)
	{
		// Clockwise
		_currentPos += 1;
	}
	else
	{
		// Anticlockwise
		_currentPos -= 1;
```

```
    }
    step(_currentPos);

    _lastStepTime = time;
    return true;
    }
    else
    {
    return false;
    }
}

long AccelStepper::distanceToGo()
{
    return _targetPos - _currentPos;
}

long AccelStepper::targetPosition()
{
    return _targetPos;
}

long AccelStepper::currentPosition()
{
    return _currentPos;
}

// Useful during initialisations or after initial positioning
// Sets speed to 0
void AccelStepper::setCurrentPosition(long position)
{
    _targetPos = _currentPos = position;
    _n = 0;
    _stepInterval = 0;
}

void AccelStepper::computeNewSpeed()
{
```

```
long distanceTo = distanceToGo(); // +ve is clockwise from curent location

long stepsToStop = (long)((_speed * _speed) / (2.0 * _acceleration)); // Equation 16

if (distanceTo == 0 && stepsToStop <= 1)
{
// We are at the target and its time to stop
_stepInterval = 0;
_speed = 0.0;
_n = 0;
return;
}

if (distanceTo > 0)
{
// We are anticlockwise from the target
// Need to go clockwise from here, maybe decelerate now
if (_n > 0)
{
    // Currently accelerating, need to decel now? Or maybe going the wrong way?
    if ((stepsToStop >= distanceTo) || _direction == DIRECTION_CCW)
    _n = -stepsToStop; // Start deceleration
}
else if (_n < 0)
{
    // Currently decelerating, need to accel again?
    if ((stepsToStop < distanceTo) && _direction == DIRECTION_CW)
    _n = -_n; // Start accceleration
}
}
else if (distanceTo < 0)
{
// We are clockwise from the target
// Need to go anticlockwise from here, maybe decelerate
if (_n > 0)
{
    // Currently accelerating, need to decel now? Or maybe going the wrong way?
    if ((stepsToStop >= -distanceTo) || _direction == DIRECTION_CW)
```

```
        _n = -stepsToStop; // Start deceleration
    }
    else if (_n < 0)
    {
        // Currently decelerating, need to accel again?
        if ((stepsToStop < -distanceTo) && _direction == DIRECTION_CCW)
        _n = -_n; // Start accceleration
    }
    }

    // Need to accelerate or decelerate
    if (_n == 0)
    {
    // First step from stopped
    _cn = _c0;
    _direction = (distanceTo > 0) ? DIRECTION_CW : DIRECTION_CCW;
    }
    else
    {
    // Subsequent step. Works for accel (n is +_ve) and decel (n is -ve).
    _cn = _cn - ((2.0 * _cn) / ((4.0 * _n) + 1)); // Equation 13
    _cn = max(_cn, _cmin);
    }
    _n++;
    _stepInterval = _cn;
    _speed = 1000000.0 / _cn;
    if (_direction == DIRECTION_CCW)
    _speed = -_speed;

#if 0
    Serial.println(_speed);
    Serial.println(_acceleration);
    Serial.println(_cn);
    Serial.println(_c0);
    Serial.println(_n);
    Serial.println(_stepInterval);
    Serial.println(distanceTo);
    Serial.println(stepsToStop);
```

```
    Serial.println("-----");
#endif
}

// Run the motor to implement speed and acceleration in order to proceed to the target
position
// You must call this at least once per step, preferably in your main loop
// If the motor is in the desired position, the cost is very small
// returns true if the motor is still running to the target position.
boolean AccelStepper::run()
{
    if (runSpeed())
    computeNewSpeed();
    return _speed != 0.0 || distanceToGo() != 0;
}

AccelStepper::AccelStepper(uint8_t interface, uint8_t pin1, uint8_t pin2, uint8_t pin3,
uint8_t pin4, bool enable)
{
    _interface = interface;
    _currentPos = 0;
    _targetPos = 0;
    _speed = 0.0;
    _maxSpeed = 1.0;
    _acceleration = 1.0;
    _sqrt_twoa = 1.0;
    _stepInterval = 0;
    _minPulseWidth = 1;
    _enablePin = 0xff;
    _lastStepTime = 0;
    _pin[0] = pin1;
    _pin[1] = pin2;
    _pin[2] = pin3;
    _pin[3] = pin4;

    // NEW
    _n = 0;
    _c0 = 0.0;
```

```
    _cn = 0.0;
    _cmin = 1.0;
    _direction = DIRECTION_CCW;

    int i;
    for (i = 0; i < 4; i++)
    _pinInverted[i] = 0;
    if (enable)
    enableOutputs();
}

AccelStepper::AccelStepper(void (*forward)(), void (*backward)())
{
    _interface = 0;
    _currentPos = 0;
    _targetPos = 0;
    _speed = 0.0;
    _maxSpeed = 1.0;
    _acceleration = 1.0;
    _sqrt_twoa = 1.0;
    _stepInterval = 0;
    _minPulseWidth = 1;
    _enablePin = 0xff;
    _lastStepTime = 0;
    _pin[0] = 0;
    _pin[1] = 0;
    _pin[2] = 0;
    _pin[3] = 0;
    _forward = forward;
    _backward = backward;

    // NEW
    _n = 0;
    _c0 = 0.0;
    _cn = 0.0;
    _cmin = 1.0;
    _direction = DIRECTION_CCW;
```

```
    int i;
    for (i = 0; i < 4; i++)
    _pinInverted[i] = 0;
}

void AccelStepper::setMaxSpeed(float speed)
{
    if (_maxSpeed != speed)
    {
    _maxSpeed = speed;
    _cmin = 1000000.0 / speed;
    // Recompute _n from current speed and adjust speed if accelerating or cruising
    if (_n > 0)
    {
        _n = (long)((_speed * _speed) / (2.0 * _acceleration)); // Equation 16
        computeNewSpeed();
    }
    }
}

void AccelStepper::setAcceleration(float acceleration)
{
    if (acceleration == 0.0)
    return;
    if (_acceleration != acceleration)
    {
    // Recompute _n per Equation 17
    _n = _n * (_acceleration / acceleration);
    // New c0 per Equation 7
    _c0 = sqrt(2.0 / acceleration) * 1000000.0;
    _acceleration = acceleration;
    computeNewSpeed();
    }
}

void AccelStepper::setSpeed(float speed)
{
    if (speed == _speed)
```

```
            return;
        speed = constrain(speed, -_maxSpeed, _maxSpeed);
        if (speed == 0.0)
        _stepInterval = 0;
        else
        {
        _stepInterval = fabs(1000000.0 / speed);
        _direction = (speed > 0.0) ? DIRECTION_CW : DIRECTION_CCW;
        }
        _speed = speed;
}

float AccelStepper::speed()
{
        return _speed;
}

// Subclasses can override
void AccelStepper::step(long step)
{
        switch (_interface)
        {
                case FUNCTION:
                        step0(step);
                        break;

        case DRIVER:
                step1(step);
                break;

        case FULL2WIRE:
                step2(step);
                break;

        case FULL3WIRE:
                step3(step);
                break;
```

```
    case FULL4WIRE:
        step4(step);
        break;

    case HALF3WIRE:
        step6(step);
        break;

    case HALF4WIRE:
        step8(step);
        break;
    }
}

// You might want to override this to implement eg serial output
// bit 0 of the mask corresponds to _pin[0]
// bit 1 of the mask corresponds to _pin[1]
// ....
void AccelStepper::setOutputPins(uint8_t mask)
{
    uint8_t numpins = 2;
    if (_interface == FULL4WIRE || _interface == HALF4WIRE)
    numpins = 4;
    uint8_t i;
    for (i = 0; i < numpins; i++)
    digitalWrite(_pin[i], (mask & (1 << i)) ? (HIGH ^ _pinInverted[i]) : (LOW ^
_pinInverted[i]));
}

// 0 pin step function (ie for functional usage)
void AccelStepper::step0(long step)
{
  if (_speed > 0)
    _forward();
  else
    _backward();
}
```

```
// 1 pin step function (ie for stepper drivers)
// This is passed the current step number (0 to 7)
// Subclasses can override
void AccelStepper::step1(long step)
{
    // _pin[0] is step, _pin[1] is direction
    setOutputPins(_direction ? 0b10 : 0b00); // Set direction first else get rogue pulses
    setOutputPins(_direction ? 0b11 : 0b01); // step HIGH
    // Caution 200ns setup time
    // Delay the minimum allowed pulse width
    delayMicroseconds(_minPulseWidth);
    setOutputPins(_direction ? 0b10 : 0b00); // step LOW

}


// 2 pin step function
// This is passed the current step number (0 to 7)
// Subclasses can override
void AccelStepper::step2(long step)
{
    switch (step & 0x3)
    {
    case 0: /* 01 */
        setOutputPins(0b10);
        break;

    case 1: /* 11 */
        setOutputPins(0b11);
        break;

    case 2: /* 10 */
        setOutputPins(0b01);
        break;

    case 3: /* 00 */
        setOutputPins(0b00);
        break;
```

```
    }
}
// 3 pin step function
// This is passed the current step number (0 to 7)
// Subclasses can override
void AccelStepper::step3(long step)
{
    switch (step % 3)
    {
    case 0:     // 100
        setOutputPins(0b100);
        break;

    case 1:     // 001
        setOutputPins(0b001);
        break;

    case 2:     //010
        setOutputPins(0b010);
        break;

    }
}

// 4 pin step function for half stepper
// This is passed the current step number (0 to 7)
// Subclasses can override
void AccelStepper::step4(long step)
{
    switch (step & 0x3)
    {
    case 0:     // 1010
        setOutputPins(0b0101);
        break;

    case 1:     // 0110
        setOutputPins(0b0110);
        break;
```

```
    case 2:     //0101
        setOutputPins(0b1010);
        break;

    case 3:     //1001
        setOutputPins(0b1001);
        break;
    }
}

// 3 pin half step function
// This is passed the current step number (0 to 7)
// Subclasses can override
void AccelStepper::step6(long step)
{
    switch (step % 6)
    {
    case 0:     // 100
        setOutputPins(0b100);
            break;

        case 1:     // 101
        setOutputPins(0b101);
            break;

    case 2:     // 001
        setOutputPins(0b001);
            break;

        case 3:     // 011
        setOutputPins(0b011);
            break;

    case 4:     // 010
        setOutputPins(0b010);
            break;
```

```
    case 5:     // 011
        setOutputPins(0b110);
            break;

    }
}

// 4 pin half step function
// This is passed the current step number (0 to 7)
// Subclasses can override
void AccelStepper::step8(long step)
{
    switch (step & 0x7)
    {
    case 0:     // 1000
        setOutputPins(0b0001);
            break;

        case 1:     // 1010
        setOutputPins(0b0101);
            break;

    case 2:     // 0010
        setOutputPins(0b0100);
            break;

        case 3:     // 0110
        setOutputPins(0b0110);
            break;

    case 4:     // 0100
        setOutputPins(0b0010);
            break;

        case 5:     //0101
        setOutputPins(0b1010);
            break;
```

```
    case 6:     // 0001
        setOutputPins(0b1000);
            break;

        case 7:     //1001
        setOutputPins(0b1001);
            break;
    }
}

// Prevents power consumption on the outputs
void    AccelStepper::disableOutputs()
{
    if (! _interface) return;

    setOutputPins(0); // Handles inversion automatically
    if (_enablePin != 0xff)
        digitalWrite(_enablePin, LOW ^ _enableInverted);
}

void    AccelStepper::enableOutputs()
{
    if (! _interface)
    return;

    pinMode(_pin[0], OUTPUT);
    pinMode(_pin[1], OUTPUT);
    if (_interface == FULL4WIRE || _interface == HALF4WIRE)
    {
        pinMode(_pin[2], OUTPUT);
        pinMode(_pin[3], OUTPUT);
    }

    if (_enablePin != 0xff)
    {
        pinMode(_enablePin, OUTPUT);
        digitalWrite(_enablePin, HIGH ^ _enableInverted);
    }
```

```
}

void AccelStepper::setMinPulseWidth(unsigned int minWidth)
{
    _minPulseWidth = minWidth;
}

void AccelStepper::setEnablePin(uint8_t enablePin)
{
    _enablePin = enablePin;

    // This happens after construction, so init pin now.
    if (_enablePin != 0xff)
    {
        pinMode(_enablePin, OUTPUT);
        digitalWrite(_enablePin, HIGH ^ _enableInverted);
    }
}

void AccelStepper::setPinsInverted(bool directionInvert, bool stepInvert, bool enableIn-
vert)
{
    _pinInverted[0] = stepInvert;
    _pinInverted[1] = directionInvert;
    _enableInverted = enableInvert;
}

void AccelStepper::setPinsInverted(bool pin1Invert, bool pin2Invert, bool pin3Invert,
bool pin4Invert, bool enableInvert)
{
    _pinInverted[0] = pin1Invert;
    _pinInverted[1] = pin2Invert;
    _pinInverted[2] = pin3Invert;
    _pinInverted[3] = pin4Invert;
    _enableInverted = enableInvert;
}

// Blocks until the target position is reached and stopped
```

```
void AccelStepper::runToPosition()
{
	while (run())
	;
}

boolean AccelStepper::runSpeedToPosition()
{
	if (_targetPos == _currentPos)
	return false;
	if (_targetPos >_currentPos)
	_direction = DIRECTION_CW;
	else
	_direction = DIRECTION_CCW;
	return runSpeed();
}

// Blocks until the new target position is reached
void AccelStepper::runToNewPosition(long position)
{
	moveTo(position);
	runToPosition();
}

void AccelStepper::stop()
{
	if (_speed != 0.0)
	{
	long stepsToStop = (long)((_speed * _speed) / (2.0 * _acceleration)) + 1; // Equa-
tion 16 (+integer rounding)
	if (_speed > 0)
		move(stepsToStop);
	else
		move(-stepsToStop);
	}
}
```

資料來源：

http://www.airspayce.com/mikem/arduino/AccelStepper/AccelStepper-1.39.zip

AccelStepper.h

```
// AccelStepper.h
//
/// \mainpage AccelStepper library for Arduino
///
/// This is the Arduino AccelStepper library.
/// It provides an object-oriented interface for 2, 3 or 4 pin stepper motors.
///
/// The standard Arduino IDE includes the Stepper library
/// (http://arduino.cc/en/Reference/Stepper) for stepper motors. It is
/// perfectly adequate for simple, single motor applications.
///
/// AccelStepper significantly improves on the standard Arduino Stepper library in several
ways:
/// \li Supports acceleration and deceleration
/// \li Supports multiple simultaneous steppers, with independent concurrent stepping on
each stepper
/// \li API functions never delay() or block
/// \li Supports 2, 3 and 4 wire steppers, plus 3 and 4 wire half steppers.
/// \li Supports alternate stepping functions to enable support of AFMotor
(https://github.com/adafruit/Adafruit-Motor-Shield-library)
/// \li Supports stepper drivers such as the Sparkfun EasyDriver (based on 3967 driver
chip)
/// \li Very slow speeds are supported
/// \li Extensive API
/// \li Subclass support
///
/// The latest version of this documentation can be downloaded from
/// http://www.airspayce.com/mikem/arduino/AccelStepper
/// The version of the package that this documentation refers to can be downloaded
/// from http://www.airspayce.com/mikem/arduino/AccelStepper/AccelStepper-1.39.zip
///
/// Example Arduino programs are included to show the main modes of use.
///
/// You can also find online help and discussion at
```

```
http://groups.google.com/group/accelstepper
/// Please use that group for all questions and discussions on this topic.
/// Do not contact the author directly, unless it is to discuss commercial licensing.
///
/// Tested on Arduino Diecimila and Mega with arduino-0018 & arduino-0021
/// on OpenSuSE 11.1 and avr-libc-1.6.1-1.15,
/// cross-avr-binutils-2.19-9.1, cross-avr-gcc-4.1.3_20080612-26.5.
///
/// \par Installation
/// Install in the usual way: unzip the distribution zip file to the libraries
/// sub-folder of your sketchbook.
///
/// \par Theory
/// This code uses speed calculations as described in
/// "Generate stepper-motor speed profiles in real time" by David Austin
///
http://fab.cba.mit.edu/classes/MIT/961.09/projects/i0/Stepper_Motor_Speed_Profile.pdf
/// with the exception that AccelStepper uses steps per second rather than radians per
second
/// (because we dont know the step angle of the motor)
/// An initial step interval is calculated for the first step, based on the desired acceleration
/// On subsequent steps, shorter step intervals are calculated based
/// on the previous step until max speed is achieved.
///
/// This software is Copyright (C) 2010 Mike McCauley. Use is subject to license
/// conditions. The main licensing options available are GPL V2 or Commercial:
///
/// \par Open Source Licensing GPL V2
/// This is the appropriate option if you want to share the source code of your
/// application with everyone you distribute it to, and you also want to give them
/// the right to share who uses it. If you wish to use this software under Open
/// Source Licensing, you must contribute all your source code to the open source
/// community in accordance with the GPL Version 2 when your application is
/// distributed. See http://www.gnu.org/copyleft/gpl.html
///
/// \par Commercial Licensing
/// This is the appropriate option if you are creating proprietary applications
/// and you are not prepared to distribute and share the source code of your
```

```
/// application. Contact info@airspayce.com for details.
///
/// \par Revision History
/// \version 1.0 Initial release
///
/// \version 1.1 Added speed() function to get the current speed.
/// \version 1.2 Added runSpeedToPosition() submitted by Gunnar Arndt.
/// \version 1.3 Added support for stepper drivers (ie with Step and Direction inputs) with
_pins == 1
/// \version 1.4 Added functional contructor to support AFMotor, contributed by Limor,
with example sketches.
/// \version 1.5 Improvements contributed by Peter Mousley: Use of microsecond steps
and other speed improvements
///                   to increase max stepping speed to about 4kHz. New option for user
to set the min allowed pulse width.
///                   Added checks for already running at max speed and skip further
calcs if so.
/// \version 1.6 Fixed a problem with wrapping of microsecond stepping that could cause
stepping to hang.
///                   Reported by Sandy Noble.
///                   Removed redundant _lastRunTime member.
/// \version 1.7 Fixed a bug where setCurrentPosition() did not always work as expected.
///                   Reported by Peter Linhart.
/// \version 1.8 Added support for 4 pin half-steppers, requested by Harvey Moon
/// \version 1.9 setCurrentPosition() now also sets motor speed to 0.
/// \version 1.10 Builds on Arduino 1.0
/// \version 1.11 Improvments from Michael Ellison:
///   Added optional enable line support for stepper drivers
///   Added inversion for step/direction/enable lines for stepper drivers
/// \version 1.12 Announce Google Group
/// \version 1.13 Improvements to speed calculation. Cost of calculation is now less in the
worst case,
///    and more or less constant in all cases. This should result in slightly beter high
speed performance, and
///    reduce anomalous speed glitches when other steppers are accelerating.
///    However, its hard to see how to replace the sqrt() required at the very first step
from 0 speed.
/// \version 1.14 Fixed a problem with compiling under arduino 0021 reported by Em-
```

```
beddedMan
/// \version 1.15 Fixed a problem with runSpeedToPosition which did not correctly han-
dle
///      running backwards to a smaller target position. Added examples
/// \version 1.16 Fixed some cases in the code where abs() was used instead of fabs().
/// \version 1.17 Added example ProportionalControl
/// \version 1.18 Fixed a problem: If one calls the funcion runSpeed() when Speed is zero,
it makes steps
///      without counting. reported by  Friedrich, Klappenbach.
/// \version 1.19 Added MotorInterfaceType and symbolic names for the number of pins
to use
///                    for the motor interface. Updated examples to suit.
///                    Replaced individual pin assignment variables _pin1, _pin2 etc with
array _pin[4].
///                    _pins member changed to _interface.
///                    Added _pinInverted array to simplify pin inversion operations.
///                    Added new function setOutputPins() which sets the motor output
pins.
///                    It can be overridden in order to provide, say, serial output instead
of parallel output
///                    Some refactoring and code size reduction.
/// \version 1.20 Improved documentation and examples to show need for correctly
///                    specifying AccelStepper::FULL4WIRE and friends.
/// \version 1.21 Fixed a problem where desiredSpeed could compute the wrong step ac-
celeration
///                    when _speed was small but non-zero. Reported by Brian Schmalz.
///                    Precompute sqrt_twoa to improve performance and max possible
stepping speed
/// \version 1.22 Added Bounce.pde example
///                    Fixed a problem where calling moveTo(), setMaxSpeed(), setAc-
celeration() more
///                    frequently than the step time, even
///                    with the same values, would interfere with speed calcs. Now a new
speed is computed
///                    only if there was a change in the set value. Reported by Brian
Schmalz.
/// \version 1.23 Rewrite of the speed algorithms in line with
///
```

```
http://fab.cba.mit.edu/classes/MIT/961.09/projects/i0/Stepper_Motor_Speed_Profile.pdf
///                          Now expect smoother and more linear accelerations and decelera-
tions. The desiredSpeed()
///                          function was removed.
/// \version 1.24    Fixed a problem introduced in 1.23: with runToPosition, which did
never returned
/// \version 1.25    Now ignore attempts to set acceleration to 0.0
/// \version 1.26    Fixed a problem where certina combinations of speed and accelration
could cause
///                            oscillation about the target position.
/// \version 1.27    Added stop() function to stop as fast as possible with current accelera-
tion parameters.
///                            Also added new Quickstop example showing its use.
/// \version 1.28    Fixed another problem where certain combinations of speed and ac-
celration could cause
///                            oscillation about the target position.
///                            Added support for 3 wire full and half steppers such as Hard Disk
Drive spindle.
///                            Contributed by Yuri Ivatchkovitch.
/// \version 1.29    Fixed a problem that could cause a DRIVER stepper to continually
step
///                            with some sketches. Reported by Vadim.
/// \version 1.30    Fixed a problem that could cause stepper to back up a few steps at the
end of
///                            accelerated travel with certain speeds. Reported and patched by
jolo.
/// \version 1.31    Updated author and distribution location details to airspayce.com
/// \version 1.32    Fixed a problem with enableOutputs() and setEnablePin on Arduino
Due that
///                            prevented the enable pin changing stae correctly. Reported by
Duane Bishop.
/// \version 1.33    Fixed an error in example AFMotor_ConstantSpeed.pde did not
setMaxSpeed();
///                            Fixed a problem that caused incorrect pin sequencing of
FULL3WIRE and HALF3WIRE.
///                            Unfortunately this meant changing the signature for all step*()
functions.
///                            Added example MotorShield, showing how to use AdaFruit Mo-
```

```
tor Shield to control
///                    a 3 phase motor such as a HDD spindle motor (and without using
the AFMotor library.
/// \version 1.34   Added setPinsInverted(bool pin1Invert, bool pin2Invert, bool
pin3Invert, bool pin4Invert, bool enableInvert)
///                    to allow inversion of 2, 3 and 4 wire stepper pins. Requested by
Oleg.
/// \version 1.35   Removed default args from setPinsInverted(bool, bool, bool, bool,
bool) to prevent ambiguity with
///                    setPinsInverted(bool, bool, bool). Reported by Mac Mac.
/// \version 1.36   Changed enableOutputs() and disableOutputs() to be virtual so can be
overridden.
///                    Added new optional argument 'enable' to constructor, which al-
lows you toi disable the
///                    automatic enabling of outputs at construction time. Suggested by
Guido.
/// \version 1.37   Fixed a problem with step1 that could cause a rogue step in the
///                    wrong direction (or not,
///                    depending on the setup-time requirements of the connected hard-
ware).
///                    Reported by Mark Tillotson.
/// \version 1.38   run() function incorrectly always returned true. Updated function and
doc so it returns true
///                    if the motor is still running to the target position.
/// \version 1.39   Updated typos in keywords.txt, courtesey Jon Magill.
///
/// \author   Mike McCauley (mikem@airspayce.com) DO NOT CONTACT THE
AUTHOR DIRECTLY: USE THE LISTS
// Copyright (C) 2009-2013 Mike McCauley
// $Id: AccelStepper.h,v 1.19 2013/08/02 01:53:21 mikem Exp mikem $

#ifndef AccelStepper_h
#define AccelStepper_h

#include <stdlib.h>
#if ARDUINO >= 100
#include <Arduino.h>
#else
```

```
#include <WProgram.h>
#include <wiring.h>
#endif

// These defs cause trouble on some versions of Arduino
#undef round

/////////////////////////////////////////////////////////////////////
/// \class AccelStepper AccelStepper.h <AccelStepper.h>
/// \brief Support for stepper motors with acceleration etc.
///
/// This defines a single 2 or 4 pin stepper motor, or stepper moter with fdriver chip, with
optional
/// acceleration, deceleration, absolute positioning commands etc. Multiple
/// simultaneous steppers are supported, all moving
/// at different speeds and accelerations.
///
/// \par Operation
/// This module operates by computing a step time in microseconds. The step
/// time is recomputed after each step and after speed and acceleration
/// parameters are changed by the caller. The time of each step is recorded in
/// microseconds. The run() function steps the motor once if a new step is due.
/// The run() function must be called frequently until the motor is in the
/// desired position, after which time run() will do nothing.
///
/// \par Positioning
/// Positions are specified by a signed long integer. At
/// construction time, the current position of the motor is consider to be 0. Positive
/// positions are clockwise from the initial position; negative positions are
/// anticlockwise. The curent position can be altered for instance after
/// initialization positioning.
///
/// \par Caveats
/// This is an open loop controller: If the motor stalls or is oversped,
/// AccelStepper will not have a correct
/// idea of where the motor really is (since there is no feedback of the motor's
/// real position. We only know where we _think_ it is, relative to the
/// initial starting point).
```

```
///
/// \par Performance
/// The fastest motor speed that can be reliably supported is about 4000 steps per
/// second at a clock frequency of 16 MHz on Arduino such as Uno etc.
/// Faster processors can support faster stepping speeds.
/// However, any speed less than that
/// down to very slow speeds (much less than one per second) are also supported,
/// provided the run() function is called frequently enough to step the motor
/// whenever required for the speed set.
/// Calling setAcceleration() is expensive,
/// since it requires a square root to be calculated.
class AccelStepper
{
public:
    /// \brief Symbolic names for number of pins.
    /// Use this in the pins argument the AccelStepper constructor to
    /// provide a symbolic name for the number of pins
    /// to use.
    typedef enum
    {
    FUNCTION   = 0, ///< Use the functional interface, implementing your own driver
functions (internal use only)
    DRIVER     = 1, ///< Stepper Driver, 2 driver pins required
    FULL2WIRE = 2, ///< 2 wire stepper, 2 motor pins required
    FULL3WIRE = 3, ///< 3 wire stepper, such as HDD spindle, 3 motor pins required
        FULL4WIRE = 4, ///< 4 wire full stepper, 4 motor pins required
    HALF3WIRE = 6, ///< 3 wire half stepper, such as HDD spindle, 3 motor pins re-
quired
    HALF4WIRE = 8   ///< 4 wire half stepper, 4 motor pins required
    } MotorInterfaceType;

    /// Constructor. You can have multiple simultaneous steppers, all moving
    /// at different speeds and accelerations, provided you call their run()
    /// functions at frequent enough intervals. Current Position is set to 0, target
    /// position is set to 0. MaxSpeed and Acceleration default to 1.0.
    /// The motor pins will be initialised to OUTPUT mode during the
    /// constructor by a call to enableOutputs().
    /// \param[in] interface Number of pins to interface to. 1, 2, 4 or 8 are
```

```
/// supported, but it is preferred to use the \ref MotorInterfaceType symbolic names.
/// AccelStepper::DRIVER (1) means a stepper driver (with Step and Direction
pins).
/// If an enable line is also needed, call setEnablePin() after construction.
/// You may also invert the pins using setPinsInverted().
/// AccelStepper::FULL2WIRE (2) means a 2 wire stepper (2 pins required).
/// AccelStepper::FULL3WIRE (3) means a 3 wire stepper, such as HDD spindle (3
pins required).
/// AccelStepper::FULL4WIRE (4) means a 4 wire stepper (4 pins required).
/// AccelStepper::HALF3WIRE (6) means a 3 wire half stepper, such as HDD spin-
dle (3 pins required)
/// AccelStepper::HALF4WIRE (8) means a 4 wire half stepper (4 pins required)
/// Defaults to AccelStepper::FULL4WIRE (4) pins.
/// \param[in] pin1 Arduino digital pin number for motor pin 1. Defaults
/// to pin 2. For a AccelStepper::DRIVER (pins==1),
/// this is the Step input to the driver. Low to high transition means to step)
/// \param[in] pin2 Arduino digital pin number for motor pin 2. Defaults
/// to pin 3. For a AccelStepper::DRIVER (pins==1),
/// this is the Direction input the driver. High means forward.
/// \param[in] pin3 Arduino digital pin number for motor pin 3. Defaults
/// to pin 4.
/// \param[in] pin4 Arduino digital pin number for motor pin 4. Defaults
/// to pin 5.
/// \param[in] enable If this is true (the default), enableOutpuys() will be called to
enable
/// the output pins at construction time.
AccelStepper(uint8_t interface = AccelStepper::FULL4WIRE, uint8_t pin1 = 2,
uint8_t pin2 = 3, uint8_t pin3 = 4, uint8_t pin4 = 5, bool enable = true);

/// Alternate Constructor which will call your own functions for forward and back-
ward steps.
/// You can have multiple simultaneous steppers, all moving
/// at different speeds and accelerations, provided you call their run()
/// functions at frequent enough intervals. Current Position is set to 0, target
/// position is set to 0. MaxSpeed and Acceleration default to 1.0.
/// Any motor initialization should happen before hand, no pins are used or initial-
ized.
/// \param[in] forward void-returning procedure that will make a forward step
```

```
/// \param[in] backward void-returning procedure that will make a backward step
AccelStepper(void (*forward)(), void (*backward)());

/// Set the target position. The run() function will try to move the motor (at most one step per call)
/// from the current position to the target position set by the most
/// recent call to this function. Caution: moveTo() also recalculates the speed for the next step.
/// If you are trying to use constant speed movements, you should call setSpeed() after calling moveTo().
/// \param[in] absolute The desired absolute position. Negative is
/// anticlockwise from the 0 position.
void    moveTo(long absolute);

/// Set the target position relative to the current position
/// \param[in] relative The desired position relative to the current position. Negative is
/// anticlockwise from the current position.
void    move(long relative);

/// Poll the motor and step it if a step is duc, implementing
/// accelerations and decelerations to acheive the target position. You must call this as
/// frequently as possible, but at least once per minimum step time interval,
/// preferably in your main loop. Note that each call to run() will make at most one step, and then only when a step is due,
/// based on the current speed and the time since the last step.
/// \return true if the motor is still running to the target position.
boolean run();

/// Poll the motor and step it if a step is due, implementing a constant
/// speed as set by the most recent call to setSpeed(). You must call this as
/// frequently as possible, but at least once per step interval,
/// \return true if the motor was stepped.
boolean runSpeed();

/// Sets the maximum permitted speed. The run() function will accelerate
/// up to the speed set by this function.
```

```
/// \param[in] speed The desired maximum speed in steps per second. Must
/// be > 0. Caution: Speeds that exceed the maximum speed supported by the pro-
cessor may
/// Result in non-linear accelerations and decelerations.
void        setMaxSpeed(float speed);

/// Sets the acceleration/deceleration rate.
/// \param[in] acceleration The desired acceleration in steps per second
/// per second. Must be > 0.0. This is an expensive call since it requires a square
/// root to be calculated. Dont call more ofthen than needed
void        setAcceleration(float acceleration);

/// Sets the desired constant speed for use with runSpeed().
/// \param[in] speed The desired constant speed in steps per
/// second. Positive is clockwise. Speeds of more than 1000 steps per
/// second are unreliable. Very slow speeds may be set (eg 0.00027777 for
/// once per hour, approximately. Speed accuracy depends on the Arduino
/// crystal. Jitter depends on how frequently you call the runSpeed() function.
void        setSpeed(float speed);

/// The most recently set speed
/// \return the most recent speed in steps per second
float       speed();

/// The distance from the current position to the target position.
/// \return the distance from the current position to the target position
/// in steps. Positive is clockwise from the current position.
long        distanceToGo();

/// The most recently set target position.
/// \return the target position
/// in steps. Positive is clockwise from the 0 position.
long        targetPosition();

/// The currently motor position.
/// \return the current motor position
/// in steps. Positive is clockwise from the 0 position.
long        currentPosition();
```

```
/// Resets the current position of the motor, so that wherever the motor
/// happens to be right now is considered to be the new 0 position. Useful
/// for setting a zero position on a stepper after an initial hardware
/// positioning move.
/// Has the side effect of setting the current motor speed to 0.
/// \param[in] position The position in steps of wherever the motor
/// happens to be right now.
void    setCurrentPosition(long position);

/// Moves the motor at the currently selected constant speed (forward or reverse)
/// to the target position and blocks until it is at
/// position. Dont use this in event loops, since it blocks.
void    runToPosition();

/// Runs at the currently selected speed until the target position is reached
/// Does not implement accelerations.
/// \return true if it stepped
boolean runSpeedToPosition();

/// Moves the motor to the new target position and blocks until it is at
/// position. Dont use this in event loops, since it blocks.
/// \param[in] position The new target position.
void    runToNewPosition(long position);

/// Sets a new target position that causes the stepper
/// to stop as quickly as possible, using to the current speed and acceleration param-
eters.
void stop();

/// Disable motor pin outputs by setting them all LOW
/// Depending on the design of your electronics this may turn off
/// the power to the motor coils, saving power.
/// This is useful to support Arduino low power modes: disable the outputs
/// during sleep and then reenable with enableOutputs() before stepping
/// again.
virtual void    disableOutputs();
```

```
    /// Enable motor pin outputs by setting the motor pins to OUTPUT
    /// mode. Called automatically by the constructor.
    virtual void    enableOutputs();

    /// Sets the minimum pulse width allowed by the stepper driver. The minimum
practical pulse width is
    /// approximately 20 microseconds. Times less than 20 microseconds
    /// will usually result in 20 microseconds or so.
    /// \param[in] minWidth The minimum pulse width in microseconds.
    void    setMinPulseWidth(unsigned int minWidth);

    /// Sets the enable pin number for stepper drivers.
    /// 0xFF indicates unused (default).
    /// Otherwise, if a pin is set, the pin will be turned on when
    /// enableOutputs() is called and switched off when disableOutputs()
    /// is called.
    /// \param[in] enablePin Arduino digital pin number for motor enable
    /// \sa setPinsInverted
    void    setEnablePin(uint8_t enablePin = 0xff);

    /// Sets the inversion for stepper driver pins
    /// \param[in] directionInvert True for inverted direction pin, false for non-inverted
    /// \param[in] stepInvert      True for inverted step pin, false for non-inverted
    /// \param[in] enableInvert    True for inverted enable pin, false (default) for
non-inverted
    void    setPinsInverted(bool directionInvert = false, bool stepInvert = false, bool
enableInvert = false);

    /// Sets the inversion for 2, 3 and 4 wire stepper pins
    /// \param[in] pin1Invert True for inverted pin1, false for non-inverted
    /// \param[in] pin2Invert True for inverted pin2, false for non-inverted
    /// \param[in] pin3Invert True for inverted pin3, false for non-inverted
    /// \param[in] pin4Invert True for inverted pin4, false for non-inverted
    /// \param[in] enableInvert    True for inverted enable pin, false (default) for
non-inverted
    void    setPinsInverted(bool pin1Invert, bool pin2Invert, bool pin3Invert, bool
pin4Invert, bool enableInvert);
```

```
protected:

    /// \brief Direction indicator
    /// Symbolic names for the direction the motor is turning
    typedef enum
    {
    DIRECTION_CCW = 0,   ///< Clockwise
        DIRECTION_CW  = 1    ///< Counter-Clockwise
    } Direction;

    /// Forces the library to compute a new instantaneous speed and set that as
    /// the current speed. It is called by
    /// the library:
    /// \li   after each step
    /// \li   after change to maxSpeed through setMaxSpeed()
    /// \li   after change to acceleration through setAcceleration()
    /// \li   after change to target position (relative or absolute) through
    /// move() or moveTo()
    void                computeNewSpeed();

    /// Low level function to set the motor output pins
    /// bit 0 of the mask corresponds to _pin[0]
    /// bit 1 of the mask corresponds to _pin[1]
    /// You can override this to impment, for example serial chip output insted of using
the
    /// output pins directly
    virtual void      setOutputPins(uint8_t mask);

    /// Called to execute a step. Only called when a new step is
    /// required. Subclasses may override to implement new stepping
    /// interfaces. The default calls step1(), step2(), step4() or step8() depending on the
    /// number of pins defined for the stepper.
    /// \param[in] step The current step phase number (0 to 7)
    virtual void      step(long step);

    /// Called to execute a step using stepper functions (pins = 0) Only called when a
new step is
    /// required. Calls _forward() or _backward() to perform the step
```

```
    /// \param[in] step The current step phase number (0 to 7)
    virtual void    step0(long step);

    /// Called to execute a step on a stepper driver (ie where pins == 1). Only called
when a new step is
    /// required. Subclasses may override to implement new stepping
    /// interfaces. The default sets or clears the outputs of Step pin1 to step,
    /// and sets the output of _pin2 to the desired direction. The Step pin (_pin1) is
pulsed for 1 microsecond
    /// which is the minimum STEP pulse width for the 3967 driver.
    /// \param[in] step The current step phase number (0 to 7)
    virtual void    step1(long step);

    /// Called to execute a step on a 2 pin motor. Only called when a new step is
    /// required. Subclasses may override to implement new stepping
    /// interfaces. The default sets or clears the outputs of pin1 and pin2
    /// \param[in] step The current step phase number (0 to 7)
    virtual void    step2(long step);

    /// Called to execute a step on a 3 pin motor, such as HDD spindle. Only called
when a new step is
    /// required. Subclasses may override to implement new stepping
    /// interfaces. The default sets or clears the outputs of pin1, pin2,
    /// pin3
    /// \param[in] step The current step phase number (0 to 7)
    virtual void    step3(long step);

    /// Called to execute a step on a 4 pin motor. Only called when a new step is
    /// required. Subclasses may override to implement new stepping
    /// interfaces. The default sets or clears the outputs of pin1, pin2,
    /// pin3, pin4.
    /// \param[in] step The current step phase number (0 to 7)
    virtual void    step4(long step);

    /// Called to execute a step on a 3 pin motor, such as HDD spindle. Only called
when a new step is
    /// required. Subclasses may override to implement new stepping
    /// interfaces. The default sets or clears the outputs of pin1, pin2,
```

```
    /// pin3
    /// \param[in] step The current step phase number (0 to 7)
    virtual void    step6(long step);

    /// Called to execute a step on a 4 pin half-steper motor. Only called when a new
step is
    /// required. Subclasses may override to implement new stepping
    /// interfaces. The default sets or clears the outputs of pin1, pin2,
    /// pin3, pin4.
    /// \param[in] step The current step phase number (0 to 7)
    virtual void    step8(long step);

private:
    /// Number of pins on the stepper motor. Permits 2 or 4. 2 pins is a
    /// bipolar, and 4 pins is a unipolar.
    uint8_t            _interface;          // 0, 1, 2, 4, 8, See MotorInterfaceType

    /// Arduino pin number assignments for the 2 or 4 pins required to interface to the
    /// stepper motor or driver
    uint8_t            _pin[4];

    /// Whether the _pins is inverted or not
    uint8_t            _pinInverted[4];

    /// The current absolution position in steps.
    long               _currentPos;    // Steps

    /// The target position in steps. The AccelStepper library will move the
    /// motor from the _currentPos to the _targetPos, taking into account the
    /// max speed, acceleration and deceleration
    long               _targetPos;     // Steps

    /// The current motos speed in steps per second
    /// Positive is clockwise
    float              _speed;              // Steps per second

    /// The maximum permitted speed in steps per second. Must be > 0.
    float              _maxSpeed;
```

```
/// The acceleration to use to accelerate or decelerate the motor in steps
/// per second per second. Must be > 0
float              _acceleration;
float              _sqrt_twoa; // Precomputed sqrt(2*_acceleration)

/// The current interval between steps in microseconds.
/// 0 means the motor is currently stopped with _speed == 0
unsigned long    _stepInterval;

/// The last step time in microseconds
unsigned long    _lastStepTime;

/// The minimum allowed pulse width in microseconds
unsigned int     _minPulseWidth;

/// Is the direction pin inverted?
///bool                 _dirInverted; /// Moved to _pinInverted[1]

/// Is the step pin inverted?
///bool                 _stepInverted; /// Moved to _pinInverted[0]

/// Is the enable pin inverted?
bool                _enableInverted;

/// Enable pin for stepper driver, or 0xFF if unused.
uint8_t            _enablePin;

/// The pointer to a forward-step procedure
void (*_forward)();

/// The pointer to a backward-step procedure
void (*_backward)();

/// The step counter for speed calculations
long _n;

/// Initial step size in microseconds
```

```
    float _c0;

    /// Last step size in microseconds
    float _cn;

    /// Min step size in microseconds based on maxSpeed
    float _cmin; // at max speed

    /// Current direction motor is spinning in
    boolean _direction; // 1 == CW

};

/// @example Random.pde
/// Make a single stepper perform random changes in speed, position and acceleration

/// @example Overshoot.pde
///   Check overshoot handling
/// which sets a new target position and then waits until the stepper has
/// achieved it. This is used for testing the handling of overshoots

/// @example MultiStepper.pde
/// Shows how to multiple simultaneous steppers
/// Runs one stepper forwards and backwards, accelerating and decelerating
/// at the limits. Runs other steppers at the same time

/// @example ConstantSpeed.pde
/// Shows how to run AccelStepper in the simplest,
/// fixed speed mode with no accelerations

/// @example Blocking.pde
/// Shows how to use the blocking call runToNewPosition
/// Which sets a new target position and then waits until the stepper has
/// achieved it.

/// @example AFMotor_MultiStepper.pde
/// Control both Stepper motors at the same time with different speeds
/// and accelerations.
```

```
/// @example AFMotor_ConstantSpeed.pde
/// Shows how to run AccelStepper in the simplest,
/// fixed speed mode with no accelerations

/// @example ProportionalControl.pde
/// Make a single stepper follow the analog value read from a pot or whatever
/// The stepper will move at a constant speed to each newly set posiiton,
/// depending on the value of the pot.

/// @example Bounce.pde
/// Make a single stepper bounce from one limit to another, observing
/// accelrations at each end of travel

/// @example Quickstop.pde
/// Check stop handling.
/// Calls stop() while the stepper is travelling at full speed, causing
/// the stepper to stop as quickly as possible, within the constraints of the
/// current acceleration.

/// @example MotorShield.pde
/// Shows how to use AccelStepper to control a 3-phase motor, such as a HDD spindle
motor
/// using the Adafruit Motor Shield http://www.ladyada.net/make/mshield/index.html.

#endif
```

資料來源：

http://www.airspayce.com/mikem/arduino/AccelStepper/AccelStepper-1.39.zip

AccelStepper Class Member List

本書使用的 AccelStepper，乃是 Mike McCauley (mikem@airspayce.com)　在其 http://www.airspayce.com/mikem/arduino/AccelStepper/AccelStepper-1.39.zip 網站分享函式庫，讀者可以到

http://www.airspayce.com/mikem/arduino/AccelStepper/AccelStepper-1.39.zip 下載其函式庫，特感謝 Mike McCauley (mikem@airspayce.com)網路分享提供。

PSX 函式庫

本書使用的 PlayStation 搖桿 PSX 函式庫，乃是 Arduino 官網：http://playground.arduino.cc/Main/PSXLibrary ，分享的函式庫，讀者可以到 http://playground.arduino.cc/Main/PSXLibrary，特感謝Arduino 官網的分享。

Psx.cpp

```
/*   PSX Controller Decoder Library (Psx.cpp)
     Written by: Kevin Ahrendt June 22nd, 2008

     Controller protocol implemented using Andrew J McCubbin's analysis.
     http://www.gamesx.com/controldata/psxcont/psxcont.htm

     Shift command is based on tutorial examples for ShiftIn and ShiftOut
     functions both written by Carlyn Maw and Tom Igoe
     http://www.arduino.cc/en/Tutorial/ShiftIn
     http://www.arduino.cc/en/Tutorial/ShiftOut

     This program is free software: you can redistribute it and/or modify
     it under the terms of the GNU General Public License as published by
     the Free Software Foundation, either version 3 of the License, or
     (at your option) any later version.

     This program is distributed in the hope that it will be useful,
     but WITHOUT ANY WARRANTY; without even the implied warranty of
     MERCHANTABILITY or FITNESS FOR A PARTICULAR PURPOSE.   See the
     GNU General Public License for more details.

     You should have received a copy of the GNU General Public License
     along with this program.   If not, see <http://www.gnu.org/licenses/>.
*/
#include "Psx.h"

Psx::Psx()
{
```

Psx.cpp

```
}

byte Psx::shift(byte _dataOut)                                    // Does the actual shifting,
both in and out simultaneously
{
	_temp = 0;
	_dataIn = 0;

	for (_i = 0; _i <= 7; _i++)
	{


		if ( _dataOut & (1 << _i) ) digitalWrite(_cmndPin, HIGH);      // Writes out
the _dataOut bits
		else digitalWrite(_cmndPin, LOW);

		digitalWrite(_clockPin, LOW);

		delayMicroseconds(_delay);

		_temp = digitalRead(_dataPin);                            // Reads the data pin
		if (_temp)
		{
			_dataIn = _dataIn | (B10000000 >> _i);            // Shifts the read data into
_dataIn
		}

		digitalWrite(_clockPin, HIGH);
		delayMicroseconds(_delay);
	}
	return _dataIn;
}


void Psx::setupPins(byte dataPin, byte cmndPin, byte attPin, byte clockPin, byte delay)
{
	pinMode(dataPin, INPUT);
```

Psx.cpp

```
    digitalWrite(dataPin, HIGH);    // Turn on internal pull-up
    _dataPin = dataPin;

    pinMode(cmndPin, OUTPUT);
    _cmndPin = cmndPin;

    pinMode(attPin, OUTPUT);
    _attPin = attPin;
    digitalWrite(_attPin, HIGH);

    pinMode(clockPin, OUTPUT);
    _clockPin = clockPin;
    digitalWrite(_clockPin, HIGH);

    _delay = delay;
}


unsigned int Psx::read()
{
    digitalWrite(_attPin, LOW);

    shift(0x01);
    shift(0x42);
    shift(0xFF);

    _data1 = ~shift(0xFF);
    _data2 = ~shift(0xFF);

    digitalWrite(_attPin, HIGH);

    _dataOut = (_data2 << 8) | _data1;

    return _dataOut;
}
```

資料來源：http://playground.arduino.cc/uploads/Main/Psx1.zip

Psx.h

```
/*  PSX Controller Decoder Library (Psx.h)
    Written by: Kevin Ahrendt June 22nd, 2008

    Controller protocol implemented using Andrew J McCubbin's analysis.
    http://www.gamesx.com/controldata/psxcont/psxcont.htm

    Shift command is based on tutorial examples for ShiftIn and ShiftOut
    functions both written by Carlyn Maw and Tom Igoe
    http://www.arduino.cc/en/Tutorial/ShiftIn
    http://www.arduino.cc/en/Tutorial/ShiftOut

    This program is free software: you can redistribute it and/or modify
    it under the terms of the GNU General Public License as published by
    the Free Software Foundation, either version 3 of the License, or
    (at your option) any later version.

    This program is distributed in the hope that it will be useful,
    but WITHOUT ANY WARRANTY; without even the implied warranty of
    MERCHANTABILITY or FITNESS FOR A PARTICULAR PURPOSE.  See the
    GNU General Public License for more details.

    You should have received a copy of the GNU General Public License
    along with this program.  If not, see <http://www.gnu.org/licenses/>.
*/


#ifndef Psx_h
#define Psx_h

#include "Arduino.h"

// Button Hex Representations:
#define psxLeft     0x0001
#define psxDown         0x0002
```

Psx.h

```
#define psxRight     0x0004
#define psxUp        0x0008
#define psxStrt      0x0010
#define psxSlct      0x0080

#define psxSqu       0x0100
#define psxX         0x0200
#define psxO         0x0400
#define psxTri       0x0800
#define psxR1        0x1000
#define psxL1        0x2000
#define psxR2        0x4000
#define psxL2        0x8000


class Psx
{
	public:
		Psx();
		void setupPins(byte , byte , byte , byte , byte );		// (Data Pin #, CMND Pin
#, ATT Pin #, CLK Pin #, Delay)
										// Delay is
how long the clock goes without changing state
										// in Mi-
croseconds. It can be lowered to increase response,
										// but if it
is too low it may cause glitches and have some
										// keys
spill over with false-positives. A regular PSX controller
										// works
fine at 50 uSeconds.

		unsigned int read();					// Returns the status
of the button presses in an unsignd int.
										// The
value returned corresponds to each key as defined above.
```

```
Psx.h
    private:
        byte shift(byte _dataOut);

        byte _dataPin;
        byte _cmndPin;
        byte _attPin;
        byte _clockPin;

        byte _delay;
        byte _i;
        boolean _temp;
        byte _dataIn;

        byte _data1;
        byte _data2;
        unsigned int _dataOut;
};

#endif
```

資料來源：http://playground.arduino.cc/uploads/Main/Psx1.zip

PS2X 函式庫

本書使用的 PlayStation 搖桿，乃是 Bill Porter 網站：http://www.billporter.info/2010/06/05/playstation-2-controller-arduino-library-v1-0/ ，在 Githun 分享的函式庫，讀者可以到 https://github.com/madsci1016/Arduino-PS2Xhttp://www.billporter.info/2010/06/05/playstation-2-controller-arduino-library-v1-0/，特感謝 Bill Porter 在 Github 的分享。

PS2X_lib.cpp

```
#include "PS2X_lib.h"
#include <math.h>
#include <stdio.h>
#include <stdint.h>
#include <avr/io.h>
#if ARDUINO > 22
  #include "Arduino.h"
#else
  #include "WProgram.h"
  #include "pins_arduino.h"
#endif


static byte enter_config[]={0x01,0x43,0x00,0x01,0x00};
static byte set_mode[]={0x01,0x44,0x00,0x01,0x03,0x00,0x00,0x00,0x00};
static byte set_bytes_large[]={0x01,0x4F,0x00,0xFF,0xFF,0x03,0x00,0x00,0x00};
static byte exit_config[]={0x01,0x43,0x00,0x00,0x5A,0x5A,0x5A,0x5A,0x5A};
static byte enable_rumble[]={0x01,0x4D,0x00,0x00,0x01};
static byte type_read[]={0x01,0x45,0x00,0x5A,0x5A,0x5A,0x5A,0x5A,0x5A};


/*************************************************************************
***************/
boolean PS2X::NewButtonState() {
  return ((last_buttons ^ buttons) > 0);
```

PS2X_lib.cpp

```
}


/***************************************************************************
***************/
boolean PS2X::NewButtonState(unsigned int button) {
  return (((last_buttons ^ buttons) & button) > 0);
}


/***************************************************************************
***************/
boolean PS2X::ButtonPressed(unsigned int button) {
  return(NewButtonState(button) & Button(button));
}


/***************************************************************************
***************/
boolean PS2X::ButtonReleased(unsigned int button) {
  return((NewButtonState(button)) & ((~last_buttons & button) > 0));
}


/***************************************************************************
***************/
boolean PS2X::Button(uint16_t button) {
  return ((~buttons & button) > 0);
}


/***************************************************************************
***************/
unsigned int PS2X::ButtonDataByte() {
   return (~buttons);
}
```

PS2X_lib.cpp

```
/****************************************************************************
****************/
byte PS2X::Analog(byte button) {
    return PS2data[button];
}


/****************************************************************************
****************/
unsigned char PS2X::_gamepad_shiftinout (char byte) {
    unsigned char tmp = 0;
    for(unsigned char i=0;i<8;i++) {
        if(CHK(byte,i)) CMD_SET();
        else CMD_CLR();

        CLK_CLR();
        delayMicroseconds(CTRL_CLK);


        //if(DAT_CHK()) SET(tmp,i);
        if(DAT_CHK()) bitSet(tmp,i);


        CLK_SET();
#if CTRL_CLK_HIGH
        delayMicroseconds(CTRL_CLK_HIGH);
#endif
    }
    CMD_SET();
    delayMicroseconds(CTRL_BYTE_DELAY);
    return tmp;
}


/****************************************************************************
****************/
```

PS2X_lib.cpp

```
void PS2X::read_gamepad() {
    read_gamepad(false, 0x00);
}


/*****************************************************************
***************/
boolean PS2X::read_gamepad(boolean motor1, byte motor2) {
    double temp = millis() - last_read;


    if (temp > 1500) //waited to long
        reconfig_gamepad();


    if(temp < read_delay)    //waited too short
        delay(read_delay - temp);


    if(motor2 != 0x00)
        motor2 = map(motor2,0,255,0x40,0xFF); //noting below 40 will make it spin


    char dword[9] = {0x01,0x42,0,motor1,motor2,0,0,0,0};
    byte dword2[12] = {0,0,0,0,0,0,0,0,0,0,0,0};


    // Try a few times to get valid data...
    for (byte RetryCnt = 0; RetryCnt < 5; RetryCnt++) {
        CMD_SET();
        CLK_SET();
        ATT_CLR(); // low enable joystick


        delayMicroseconds(CTRL_BYTE_DELAY);
        //Send the command to send button and joystick data;
        for (int i = 0; i<9; i++) {
```

PS2X_lib.cpp

```
            PS2data[i] = _gamepad_shiftinout(dword[i]);
        }


        if(PS2data[1] == 0x79) {    //if controller is in full data return mode, get the rest of
data
            for (int i = 0; i<12; i++) {
                PS2data[i+9] = _gamepad_shiftinout(dword2[i]);
            }
        }


        ATT_SET(); // HI disable joystick
        // Check to see if we received valid data or not.
            // We should be in analog mode for our data to be valid (analog == 0x7_)
        if ((PS2data[1] & 0xf0) == 0x70)
            break;


        // If we got to here, we are not in analog mode, try to recover...
        reconfig_gamepad(); // try to get back into Analog mode.
        delay(read_delay);
    }


    // If we get here and still not in analog mode (=0x7_), try increasing the read_delay...
    if ((PS2data[1] & 0xf0) != 0x70) {
        if (read_delay < 10)
            read_delay++;     // see if this helps out...
    }


#ifdef PS2X_COM_DEBUG
    Serial.println("OUT:IN");
    for(int i=0; i<9; i++){
        Serial.print(dword[i], HEX);
        Serial.print(":");
```

PS2X_lib.cpp

```
        Serial.print(PS2data[i], HEX);
        Serial.print(" ");
    }
    for (int i = 0; i<12; i++) {
        Serial.print(dword2[i], HEX);
        Serial.print(":");
        Serial.print(PS2data[i+9], HEX);
        Serial.print(" ");
    }
    Serial.println("");
#endif


    last_buttons = buttons; //store the previous buttons states


#if defined(__AVR__)
    buttons = *(uint16_t*)(PS2data+3);      //store as one value for multiple functions
#else
    buttons =   (uint16_t)(PS2data[4] << 8) + PS2data[3];      //store as one value for mul-
tiple functions
#endif
    last_read = millis();
    return ((PS2data[1] & 0xf0) == 0x70);    // 1 = OK = analog mode - 0 = NOK
}


/****************************************************************************
***************/
byte PS2X::config_gamepad(uint8_t clk, uint8_t cmd, uint8_t att, uint8_t dat) {
    return config_gamepad(clk, cmd, att, dat, false, false);
}


/****************************************************************************
***************/
byte PS2X::config_gamepad(uint8_t clk, uint8_t cmd, uint8_t att, uint8_t dat, bool pres-
```

PS2X_lib.cpp

```
sures, bool rumble) {


   byte temp[sizeof(type_read)];


#ifdef __AVR__
   _clk_mask = digitalPinToBitMask(clk);
   _clk_oreg = portOutputRegister(digitalPinToPort(clk));
   _cmd_mask = digitalPinToBitMask(cmd);
   _cmd_oreg = portOutputRegister(digitalPinToPort(cmd));
   _att_mask = digitalPinToBitMask(att);
   _att_oreg = portOutputRegister(digitalPinToPort(att));
   _dat_mask = digitalPinToBitMask(dat);
   _dat_ireg = portInputRegister(digitalPinToPort(dat));
#else
   uint32_t                lport;                     // Port number for this pin
   _clk_mask = digitalPinToBitMask(clk);
   lport = digitalPinToPort(clk);
   _clk_lport_set = portOutputRegister(lport) + 2;
   _clk_lport_clr = portOutputRegister(lport) + 1;


   _cmd_mask = digitalPinToBitMask(cmd);
   lport = digitalPinToPort(cmd);
   _cmd_lport_set = portOutputRegister(lport) + 2;
   _cmd_lport_clr = portOutputRegister(lport) + 1;


   _att_mask = digitalPinToBitMask(att);
   lport = digitalPinToPort(att);
   _att_lport_set = portOutputRegister(lport) + 2;
   _att_lport_clr = portOutputRegister(lport) + 1;


   _dat_mask = digitalPinToBitMask(dat);
   _dat_lport = portInputRegister(digitalPinToPort(dat));
```

PS2X_lib.cpp

```
#endif


  pinMode(clk, OUTPUT); //configure ports
  pinMode(att, OUTPUT);
  pinMode(cmd, OUTPUT);
  pinMode(dat, INPUT);


#if defined(__AVR__)
  digitalWrite(dat, HIGH); //enable pull-up
#endif


  CMD_SET(); // SET(*_cmd_oreg,_cmd_mask);
  CLK_SET();


  //new error checking. First, read gamepad a few times to see if it's talking
  read_gamepad();
  read_gamepad();


  //see if it talked - see if mode came back.
  //If still anything but 41, 73 or 79, then it's not talking
  if(PS2data[1] != 0x41 && PS2data[1] != 0x73 && PS2data[1] != 0x79){
#ifdef PS2X_DEBUG
    Serial.println("Controller mode not matched or no controller found");
    Serial.print("Expected 0x41, 0x73 or 0x79, but got ");
    Serial.println(PS2data[1], HEX);
#endif
    return 1; //return error code 1
  }


  //try setting mode, increasing delays if need be.
  read_delay = 1;
```

PS2X_lib.cpp

```
  for(int y = 0; y <= 10; y++) {
    sendCommandString(enter_config, sizeof(enter_config)); //start config run

    //read type
    delayMicroseconds(CTRL_BYTE_DELAY);

    CMD_SET();
    CLK_SET();
    ATT_CLR(); // low enable joystick

    delayMicroseconds(CTRL_BYTE_DELAY);

    for (int i = 0; i<9; i++) {
      temp[i] = _gamepad_shiftinout(type_read[i]);
    }

    ATT_SET(); // HI disable joystick

    controller_type = temp[3];

    sendCommandString(set_mode, sizeof(set_mode));
    if(rumble){ sendCommandString(enable_rumble, sizeof(enable_rumble)); en_Rumble
= true; }
    if(pressures){ sendCommandString(set_bytes_large, sizeof(set_bytes_large));
en_Pressures = true; }
    sendCommandString(exit_config, sizeof(exit_config));
```

PS2X_lib.cpp

```
      read_gamepad();


      if(pressures){
        if(PS2data[1] == 0x79)
          break;
        if(PS2data[1] == 0x73)
          return 3;
      }


      if(PS2data[1] == 0x73)
        break;


      if(y == 10){
#ifdef PS2X_DEBUG
        Serial.println("Controller not accepting commands");
        Serial.print("mode stil set at");
        Serial.println(PS2data[1], HEX);
#endif
        return 2; //exit function with error
      }
      read_delay += 1; //add 1ms to read_delay
    }
    return 0; //no error if here
}


/************************************************************************
***************/
void PS2X::sendCommandString(byte string[], byte len) {
#ifdef PS2X_COM_DEBUG
    byte temp[len];
    ATT_CLR(); // low enable joystick
    delayMicroseconds(CTRL_BYTE_DELAY);
```

PS2X_lib.cpp

```
  for (int y=0; y < len; y++)
    temp[y] = _gamepad_shiftinout(string[y]);


  ATT_SET(); //high disable joystick
  delay(read_delay); //wait a few


  Serial.println("OUT:IN Configure");
  for(int i=0; i<len; i++) {
    Serial.print(string[i], HEX);
    Serial.print(":");
    Serial.print(temp[i], HEX);
    Serial.print(" ");
  }
  Serial.println("");
#else
  ATT_CLR(); // low enable joystick
  for (int y=0; y < len; y++)
    _gamepad_shiftinout(string[y]);
  ATT_SET(); //high disable joystick
  delay(read_delay);                    //wait a few
#endif
}


/************************************************************************
****************/
byte PS2X::readType() {
/*
  byte temp[sizeof(type_read)];


  sendCommandString(enter_config, sizeof(enter_config));
```

PS2X_lib.cpp

```
    delayMicroseconds(CTRL_BYTE_DELAY);


    CMD_SET();
    CLK_SET();
    ATT_CLR(); // low enable joystick


    delayMicroseconds(CTRL_BYTE_DELAY);


    for (int i = 0; i<9; i++) {
      temp[i] = _gamepad_shiftinout(type_read[i]);
    }


    sendCommandString(exit_config, sizeof(exit_config));


    if(temp[3] == 0x03)
      return 1;
    else if(temp[3] == 0x01)
      return 2;


    return 0;
*/


    if(controller_type == 0x03)
      return 1;
    else if(controller_type == 0x01)
      return 2;
    else if(controller_type == 0x0C)
      return 3;   //2.4G Wireless Dual Shock PS2 Game Controller

    return 0;
```

PS2X_lib.cpp

```
}


/*********************************************************************
***************/
void PS2X::enableRumble() {
  sendCommandString(enter_config, sizeof(enter_config));
  sendCommandString(enable_rumble, sizeof(enable_rumble));
  sendCommandString(exit_config, sizeof(exit_config));
  en_Rumble = true;
}


/*********************************************************************
***************/
bool PS2X::enablePressures() {
  sendCommandString(enter_config, sizeof(enter_config));
  sendCommandString(set_bytes_large, sizeof(set_bytes_large));
  sendCommandString(exit_config, sizeof(exit_config));


  read_gamepad();
  read_gamepad();


  if(PS2data[1] != 0x79)
     return false;


  en_Pressures = true;
     return true;
}


/*********************************************************************
***************/
void PS2X::reconfig_gamepad(){
```

PS2X_lib.cpp

```
  sendCommandString(enter_config, sizeof(enter_config));
  sendCommandString(set_mode, sizeof(set_mode));
  if (en_Rumble)
    sendCommandString(enable_rumble, sizeof(enable_rumble));
  if (en_Pressures)
    sendCommandString(set_bytes_large, sizeof(set_bytes_large));
  sendCommandString(exit_config, sizeof(exit_config));
}


/*************************************************************************
***************/
#ifdef __AVR__
inline void  PS2X::CLK_SET(void) {
  register uint8_t old_sreg = SREG;
  cli();
  *_clk_oreg |= _clk_mask;
  SREG = old_sreg;
}


inline void  PS2X::CLK_CLR(void) {
  register uint8_t old_sreg = SREG;
  cli();
  *_clk_oreg &= ~_clk_mask;
  SREG = old_sreg;
}


inline void  PS2X::CMD_SET(void) {
  register uint8_t old_sreg = SREG;
  cli();
  *_cmd_oreg |= _cmd_mask; // SET(*_cmd_oreg,_cmd_mask);
  SREG = old_sreg;
}
```

PS2X_lib.cpp

```
inline void    PS2X::CMD_CLR(void) {
  register uint8_t old_sreg = SREG;
  cli();
  *_cmd_oreg &= ~_cmd_mask; // SET(*_cmd_oreg,_cmd_mask);
  SREG = old_sreg;
}


inline void    PS2X::ATT_SET(void) {
  register uint8_t old_sreg = SREG;
  cli();
  *_att_oreg |= _att_mask ;
  SREG = old_sreg;
}


inline void PS2X::ATT_CLR(void) {
  register uint8_t old_sreg = SREG;
  cli();
  *_att_oreg &= ~_att_mask;
  SREG = old_sreg;
}


inline bool PS2X::DAT_CHK(void) {
  return (*_dat_ireg & _dat_mask) ? true : false;
}


#else
// On pic32, use the set/clr registers to make them atomic...
inline void    PS2X::CLK_SET(void) {
  *_clk_lport_set |= _clk_mask;
}


inline void    PS2X::CLK_CLR(void) {
```

PS2X_lib.cpp

```
  *_clk_lport_clr |= _clk_mask;
}


inline void    PS2X::CMD_SET(void) {
  *_cmd_lport_set |= _cmd_mask;
}


inline void    PS2X::CMD_CLR(void) {
  *_cmd_lport_clr |= _cmd_mask;
}


inline void    PS2X::ATT_SET(void) {
  *_att_lport_set |= _att_mask;
}


inline void PS2X::ATT_CLR(void) {
  *_att_lport_clr |= _att_mask;
}


inline bool PS2X::DAT_CHK(void) {
  return (*_dat_lport & _dat_mask) ? true : false;
}


#endif
```

資料來源：https://github.com/brucetsao/Arduino-PS2X/tree/master/PS2X_lib

PS2X_lib.h

PS2X_lib.h

```
/******************************************************************
*  Super amazing PS2 controller Arduino Library v1.8
*                    details and example sketch:
*                              http://www.billporter.info/?p=240
*
*     Original code by Shutter on Arduino Forums
*
*     Revamped, made into lib by and supporting continued development:
*                 Bill Porter
*                 www.billporter.info
*
*           Contributers:
*                    Eric Wetzel (thewetzel@gmail.com)
*                    Kurt Eckhardt
*
*  Lib version history
*     0.1 made into library, added analog stick support.
*     0.2 fixed config_gamepad miss-spelling
*          added new functions:
*             NewButtonState();
*             NewButtonState(unsigned int);
*             ButtonPressed(unsigned int);
*             ButtonReleased(unsigned int);
*          removed 'PS' from begining of ever function
*     1.0 found and fixed bug that wasn't configuring controller
*          added ability to define pins
*          added time checking to reconfigure controller if not polled enough
*          Analog sticks and pressures all through 'ps2x.Analog()' function
*          added:
*             enableRumble();
*             enablePressures();
*     1.1
*          added some debug stuff for end user. Reports if no controller found
*          added auto-increasing sentence delay to see if it helps compatibility.
*     1.2
*          found bad math by Shutter for original clock. Was running at 50kHz, not the
required 500kHz.
```

PS2X_lib.h

```
*		fixed some of the debug reporting.
*		1.3
*			Changed clock back to 50kHz. CuriousInventor says it's suppose to be
500kHz, but doesn't seem to work for everybody.
*		1.4
*				Removed redundant functions.
*				Fixed mode check to include two other possible modes the con-
troller could be in.
*		Added debug code enabled by compiler directives. See below to enable debug
mode.
*				Added button definitions for shapes as well as colors.
*		1.41
*				Some simple bug fixes
*				Added Keywords.txt file
*		1.5
*				Added proper Guitar Hero compatibility
*				Fixed issue with DEBUG mode, had to send serial at once instead
of in bits
*		1.6
*				Changed config_gamepad() call to include rumble and pressures
options
*						This was to fix controllers that will only go into config
mode once
*						Old methods should still work for backwards compati-
bility
*	1.7
*				Integrated Kurt's fixes for the interrupts messing with servo signals
*				Reorganized directory so examples show up in Arduino IDE menu
*	1.8
*				Added Arduino 1.0 compatibility.
*	1.9
*		Kurt - Added detection and recovery from dropping from analog mode, plus
*		integreated Chipkit (pic32mx...) support
*
*
*
*This program is free software: you can redistribute it and/or modify it under the terms of
```

PS2X_lib.h

```
the GNU General Public License as published by the Free Software Foundation, either
version 3 of the License, or(at your option) any later version.
This program is distributed in the hope that it will be useful,
but WITHOUT ANY WARRANTY; without even the implied warranty of
MERCHANTABILITY or FITNESS FOR A PARTICULAR PURPOSE.  See the
GNU General Public License for more details.
<http://www.gnu.org/licenses/>
*
******************************************************************/


// $$$$$$$$$$$$ DEBUG ENABLE SECTION $$$$$$$$$$$$$$$$
// to debug ps2 controller, uncomment these two lines to print out debug to uart
//#define PS2X_DEBUG
//#define PS2X_COM_DEBUG


#ifndef PS2X_lib_h
  #define PS2X_lib_h


#if ARDUINO > 22
  #include "Arduino.h"
#else
  #include "WProgram.h"
#endif


#include <math.h>
#include <stdio.h>
#include <stdint.h>
#ifdef __AVR__
  // AVR
  #include <avr/io.h>
  #define CTRL_CLK        4
  #define CTRL_BYTE_DELAY 3
#else
```

PS2X_lib.h

```
   // Pic32...
   #include <pins_arduino.h>
   #define CTRL_CLK          5
   #define CTRL_CLK_HIGH     5
   #define CTRL_BYTE_DELAY 4
#endif



//These are our button constants
#define PSB_SELECT        0x0001
#define PSB_L3            0x0002
#define PSB_R3            0x0004
#define PSB_START         0x0008
#define PSB_PAD_UP        0x0010
#define PSB_PAD_RIGHT     0x0020
#define PSB_PAD_DOWN      0x0040
#define PSB_PAD_LEFT      0x0080
#define PSB_L2            0x0100
#define PSB_R2            0x0200
#define PSB_L1            0x0400
#define PSB_R1            0x0800
#define PSB_GREEN         0x1000
#define PSB_RED           0x2000
#define PSB_BLUE          0x4000
#define PSB_PINK          0x8000
#define PSB_TRIANGLE      0x1000
#define PSB_CIRCLE        0x2000
#define PSB_CROSS         0x4000
#define PSB_SQUARE        0x8000



//Guitar  button constants
#define UP_STRUM                0x0010
#define DOWN_STRUM              0x0040
#define STAR_POWER              0x0100
#define GREEN_FRET              0x0200
#define YELLOW_FRET             0x1000
```

PS2X_lib.h

```
#define RED_FRET                    0x2000
#define BLUE_FRET                   0x4000
#define ORANGE_FRET                 0x8000
#define WHAMMY_BAR                  8


//These are stick values
#define PSS_RX 5
#define PSS_RY 6
#define PSS_LX 7
#define PSS_LY 8


//These are analog buttons
#define PSAB_PAD_RIGHT     9
#define PSAB_PAD_UP        11
#define PSAB_PAD_DOWN      12
#define PSAB_PAD_LEFT      10
#define PSAB_L2            19
#define PSAB_R2            20
#define PSAB_L1            17
#define PSAB_R1            18
#define PSAB_GREEN         13
#define PSAB_RED           14
#define PSAB_BLUE          15
#define PSAB_PINK          16
#define PSAB_TRIANGLE      13
#define PSAB_CIRCLE        14
#define PSAB_CROSS         15
#define PSAB_SQUARE        16


#define SET(x,y) (x|=(1<<y))
#define CLR(x,y) (x&=(~(1<<y)))
#define CHK(x,y) (x & (1<<y))
#define TOG(x,y) (x^=(1<<y))
```

PS2X_lib.h

```
class PS2X {
  public:
    boolean Button(uint16_t);                    //will be TRUE if button is being 
pressed
    unsigned int ButtonDataByte();
    boolean NewButtonState();
    boolean NewButtonState(unsigned int);      //will be TRUE if button was JUST 
pressed OR released
    boolean ButtonPressed(unsigned int);       //will be TRUE if button was JUST 
pressed
    boolean ButtonReleased(unsigned int);      //will be TRUE if button was JUST re-
leased
    void read_gamepad();
    boolean   read_gamepad(boolean, byte);
    byte readType();
    byte config_gamepad(uint8_t, uint8_t, uint8_t, uint8_t);
    byte config_gamepad(uint8_t, uint8_t, uint8_t, uint8_t, bool, bool);
    void enableRumble();
    bool enablePressures();
    byte Analog(byte);
    void reconfig_gamepad();


  private:
    inline void CLK_SET(void);
    inline void CLK_CLR(void);
    inline void CMD_SET(void);
    inline void CMD_CLR(void);
    inline void ATT_SET(void);
    inline void ATT_CLR(void);
    inline bool DAT_CHK(void);

    unsigned char _gamepad_shiftinout (char);
    unsigned char PS2data[21];
    void sendCommandString(byte*, byte);
    unsigned char i;
```

PS2X_lib.h

```
	unsigned int last_buttons;
	unsigned int buttons;

	#ifdef __AVR__
	  uint8_t maskToBitNum(uint8_t);
	  uint8_t _clk_mask;
	  volatile uint8_t *_clk_oreg;
	  uint8_t _cmd_mask;
	  volatile uint8_t *_cmd_oreg;
	  uint8_t _att_mask;
	  volatile uint8_t *_att_oreg;
	  uint8_t _dat_mask;
	  volatile uint8_t *_dat_ireg;
	#else
	  uint8_t maskToBitNum(uint8_t);
	  uint16_t _clk_mask;
	  volatile uint32_t *_clk_lport_set;
	  volatile uint32_t *_clk_lport_clr;
	  uint16_t _cmd_mask;
	  volatile uint32_t *_cmd_lport_set;
	  volatile uint32_t *_cmd_lport_clr;
	  uint16_t _att_mask;
	  volatile uint32_t *_att_lport_set;
	  volatile uint32_t *_att_lport_clr;
	  uint16_t _dat_mask;
	  volatile uint32_t *_dat_lport;
	#endif

	unsigned long last_read;
	byte read_delay;
	byte controller_type;
	boolean en_Rumble;
	boolean en_Pressures;
};


#endif
```

PS2X_lib.h

資料來源：https://github.com/brucetsao/Arduino-PS2X/tree/master/PS2X_lib

SONY PLAYSTATION CONTROLLER INFORMATION

本書使用的 PlayStation 搖桿的規格，是 Andrew J McCubbin 在網路上分享的資料，請參考網站：http://www.gamesx.com/controldata/psxcont/psxcont.htm

8051 步進馬達可程式驅動控制器

【說明】

一、尺寸：長 88mmX 寬 68mmX 高 35mm

二、主要晶片：AT89S52 單片機、L298NL、298N（支援 AT89S52 程式）

三、工作電壓：輸入電壓（5V~30V）輸入電壓的大小由被控制馬達的額定電壓決定。

四、可驅動直流（5~30V 之間電壓的直流馬達或者步進馬達）

五、最大輸出電流 2A （瞬間峰值電流 3A）

六、最大輸出功率 25W

七、特點：

1、具有信號指示

2、轉速可調

3、抗干擾能力強

4、具有續流保護

5、轉速、轉向、工作方式可根據程式靈活控制

6、可單獨控制一臺步進馬達

7、根據需要自己程式可以靈活控制步進馬達，實現多種功能；

8、可實現正反轉

9、採用光電隔離

10、單片機 P3 口已用排針引出，可以方便使用者連接控制更多週邊設備。

11、四位 LED 燈指示

12、四位元按鍵輸入（可以對 AT89S52 單片機程式實現任何控制）

13、核心控制晶片採用市場上最常用的 AT89S52 單片機，支持 STC89C52 單片機，控制方式簡單，只需控制 IO 口電平即可！

14、採用獨立編碼晶片 L297，不用在單片機程式裏程式複雜的邏輯代碼和佔用單片機資源。

15、設計有程式下載口，可以即時程式即時調試。

16、晶片都安裝在對應的管座上，可以隨時更換晶片。

17、外部連線採用旋轉壓接端子，使接線更牢固。

18、四周有固定安裝孔。

產品最大特點：可以對 AT89S52 單片機程式實現任意控制被控的直流馬達或者步進馬達。

適用場合：單片機學習、電子競賽、產品開發、畢業設計。。。

【功能標示】

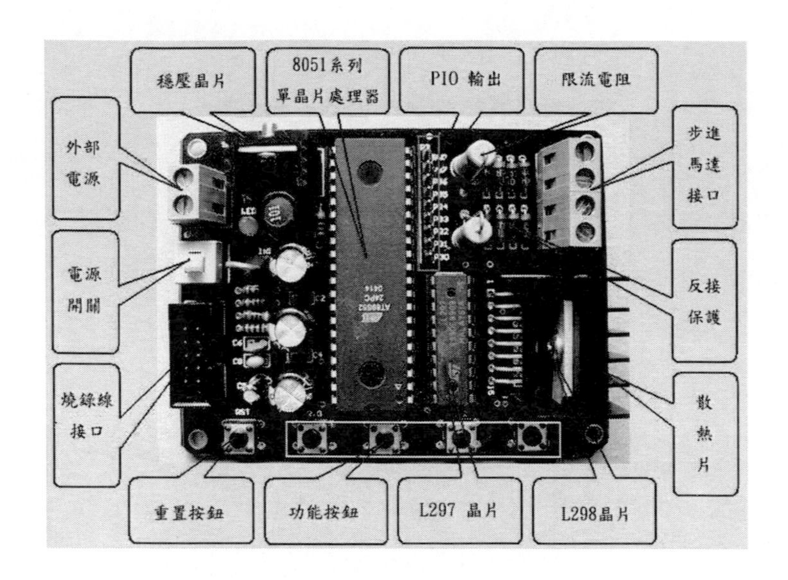

【步進馬達控制接線圖】

步進馬達的控制實例

步進馬達是數位控制馬達，它將脈衝信號轉變成角位移，即給一個脈衝信號，步進馬達就轉動一個角度，因此非常適合於單片機控制。步進馬達可分為反應式步進馬達（簡稱 VR）、永磁式步進馬達（簡稱 PM）和混合式步進馬達（簡稱 HB）。

一、步進馬達最大特點是：

1、它是通過輸入脈衝信號來進行控制的。

2、馬達的總轉動角度由輸入脈衝數決定。

3、馬達的轉速由脈衝信號頻率決定。

二、步進馬達的驅動電路

根據控制信號工作，控制信號由單片機產生。(或者其他信號源)

三、控制步進馬達的速度

如果給步進馬達發一個控制脈衝，它就轉一步，再發一個脈衝，它會再轉一步。兩個脈衝的間隔越短，步進馬達就轉得越快。調整單片機發出的脈衝頻率，就可以對步進馬達進行調速。（注意：如果脈衝頻率的速度大於了馬達的反應速度，那麼步進馬達將會出現失步現象）。

四、驅動步進馬達測試程式

說明：以 AT89S52 單片機控制單元，C 語言程式！

【測試程式】

```
/****************************************************************************
實現功能:正轉_反轉_減速_加速程式
使用晶片：AT89S52 或者 STC89C52
晶振：11.0592MHZ
編譯環境：Keil
作者：原始作者：zhangxinchunleo
【聲明】此程式僅用於學習與參考，引用請注明版權和作者資訊！
****************************************************************************/
#include<reg52.h>
#define uchar unsigned char
#define uint unsigned int
uchar Y=10; //初始化速度
/************************************************************
                                        控制位定義
************************************************************/

sbit shi_neng=P1^0;   //   使能控制位
sbit fang_shi=P1^1;   //   工作方式控制位元
sbit fang_xiang=P1^2;//   旋轉方向控制位
sbit mai_chong=P1^3; //  脈衝控制位

sbit zheng_zhuan=P2^0;    //    正轉
sbit fan_zhuan=P2^1;          //    反轉
sbit jia_su=P2^2;          // 加速
sbit jian_su=P2^3;        // 減速

/************************************************************
                                        延時函數
************************************************************/
void delay(uchar i)//延時函數
{
    uchar j,k;
```

```
    for(j=0;j<i;j++)
    for(k=0;k<180;k++);
}
/**********************************************************
                        加速函數
**********************************************************/
void jia()
{

Y=Y-1;
if(Y<=1){Y=1;}//如果速度值小於等於 1，值保持不變

}
/**********************************************************
                        減速函數
**********************************************************/
void jian()
{

Y=Y+1;
if(Y>=100){Y=100;}

}
/**********************************************************
                        主函數
**********************************************************/

main()
{
    shi_neng=0;  //     使能控制位
    fang_shi=1;  //     工作方式控制位元
    fang_xiang=1;//     旋轉方向控制位
    mai_chong=1; // 脈衝控制位
    while(1)
    {

        if(zheng_zhuan==0){shi_neng=1;fang_xiang=1;}
        if(fan_zhuan==0){shi_neng=1;fang_xiang=0;}
```

```
        if(jia_su==0){delay(10);while(!jia_su);jia();}
        if(jian_su==0){delay(10);while(!jian_su);jian();}

        mai_chong=~mai_chong; //輸出時鐘脈衝
        delay(Y);                    //延時(括弧內數值越小，馬達轉動速度越快)

    }
}/*********************************************************
                              結束
*********************************************************/
```

【模組圖片】

P3
GND
P37
P36
P35
P34
P33
P32
P31
P30
LED
C6
C8
RST
P2.0
P2.2
AT89S52
24PC
0412

AT89S52
24PC
0307

8051 步進馬達控制器線路圖

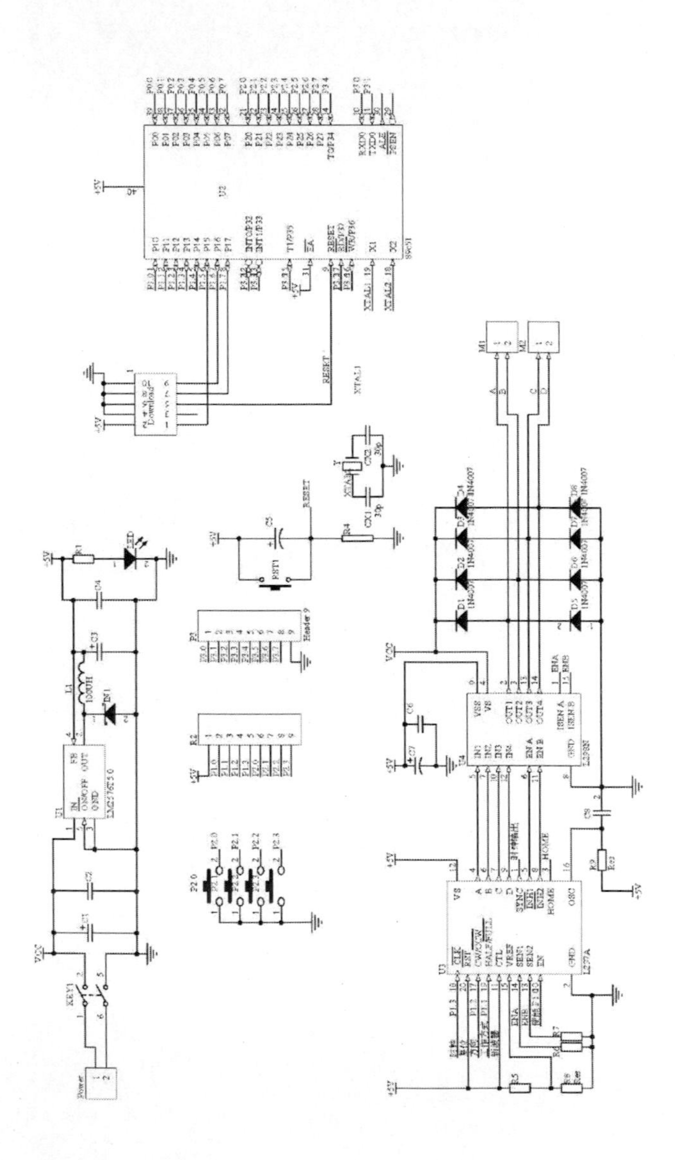

Tb6560 stepping motor driver V20 資料

Tb6560 stepping motor driver V20

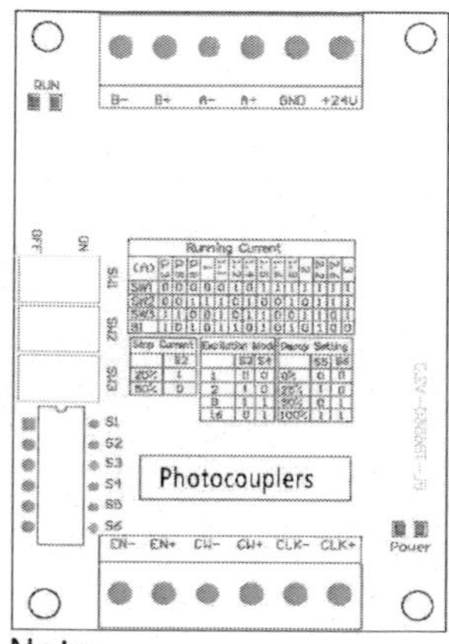

Warning:

1、Check the connection twice! The Tb6560 chipset can be damaged if the motor or the power supply are not connected properly.
2、Dont apply a motor that its rated current is more than 3A to this driver.
3、Do not set the current more than the motor rated current!

Wiring Terminal symbol	Description
+24V, GND	Power positive and negative
A+, A-	Motor phase A
B+, B-	Motor phase B
CLK+, CLK-	Pulse positive and negative
CW+, CW-	Direction positive and negative
EN+, EN-	Enable positive and negative

Note:

1、6 input terminals, can be connected as common anode or cathode。
2、The normal input voltage is **5V**, if it is more than 5V, than a series resistor is needed, this resistance is 1K case 12V and 2.4K case 24V.
3、when pulse is applied to **CLK**, the stepping motor will rotate, and stop when there is none, and the motor driver will change its current to the half current mode as setting to hold the motor still.
4、Motor rotate clockwise when **CW** is low level and counterclockwise when **CW** is high level.
5、Motor is enable when **EN** is low level and disable when EN is high leve.

Running Current														
(A)	0.3	0.5	0.8	1	1.1	1.2	1.4	1.5	1.6	1.9	2	2.2	2.6	3
SW1	OFF	OFF	OFF	OFF	OFF	ON	OFF	ON	ON	ON	ON	ON	ON	ON
SW2	OFF	OFF	ON	ON	ON	OFF	ON	OFF	OFF	ON	OFF	ON	ON	ON
SW3	ON	ON	OFF	OFF	ON	OFF	ON	ON	OFF	OFF	ON	ON	OFF	ON
S1	ON	OFF	ON	OFF	ON	ON	OFF	ON	OFF	ON	OFF	ON	OFF	OFF

Stop Current	
	S2
20%	ON
50%	OFF

Excitation Mode		
Step	S3	S4
whole	OFF	OFF
half	ON	OFF
1/8	ON	ON
1/16	OFF	ON

Decay Setting		
	S5	S6
0%	OFF	OFF
25%	ON	OFF
50%	OFF	ON
100%	ON	ON

東芝 TB6560AHQ 晶片資料

本資料從：

http://www.toshiba.com/taec/components2/Datasheet_Sync/201103/DST_TB6560-TDE_EN_27885.pdf 下載，讀者可參考或自行到上述網址下載：

L298N 電路圖

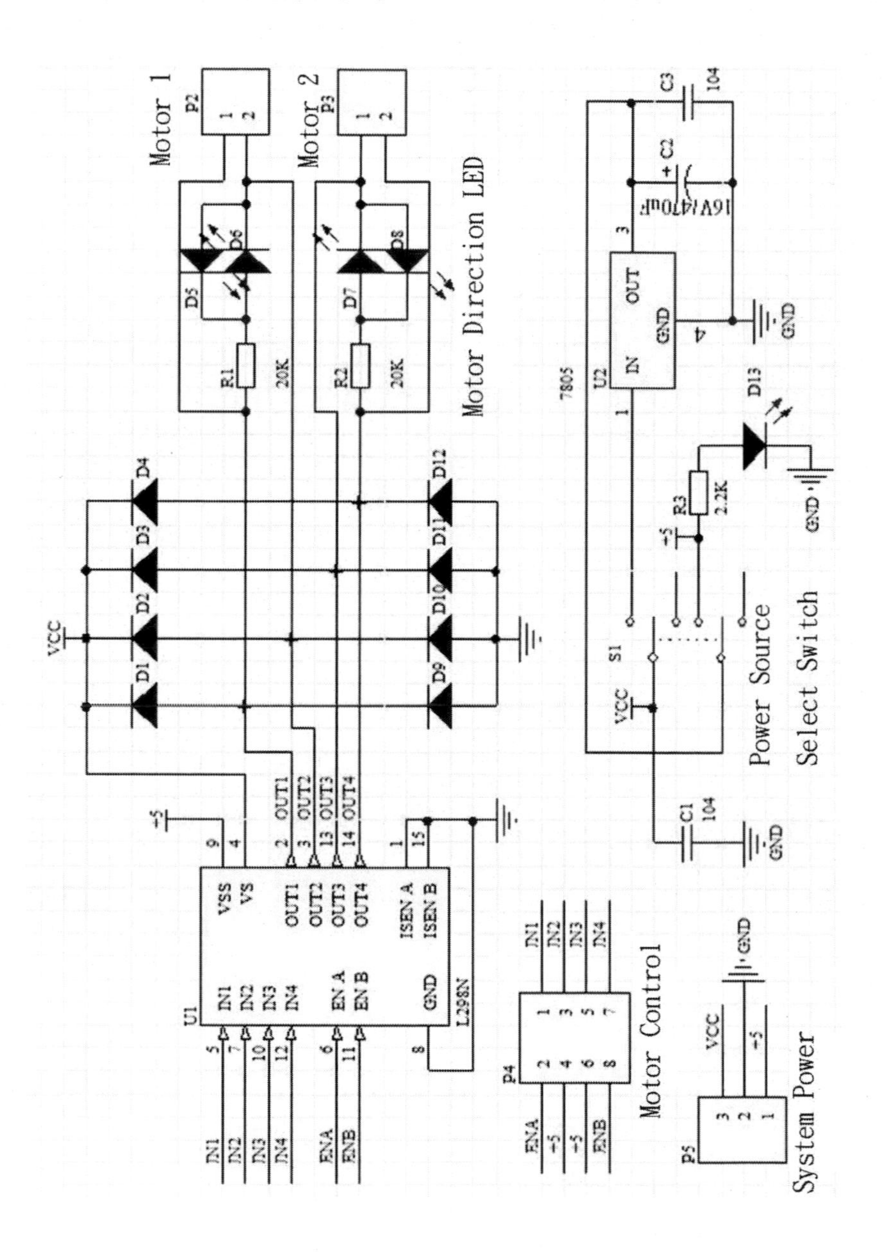
Motor 1
Motor 2
P2
P3
Motor Direction LED
R1
R2
20K
D1
D2
D3
D4
D5
D6
D7
D8
D9
D10
D11
D12
D13
VCC
U1
L298N
VSS
VS
OUT1
OUT2
OUT3
OUT4
ISEN A
ISEN B
IN1
IN2
IN3
IN4
EN A
EN B
GND
ENA
ENB
U2
7805
IN
OUT
C1
C2
C3
104
16V/470uF
R3
2.2K
S1
Power Source
Select Switch
P4
Motor Control
P5
System Power

參考文獻

Adafruit_Industries. (2013). LiquidCrystal library for arduino. Retrieved 2013.7.3, 2013, from https://github.com/adafruit/LiquidCrystal

Anderson, Rick, & Cervo, Dan. (2013). *Pro Arduino*: Apress.

Arduino. (2013). Arduino official website. Retrieved 2013.7.3, 2013, from http://www.arduino.cc/

Arduino Motor Shield (L298N). (2013). Retrieved 2013.9.3, 2013, from http://www.dfrobot.com/wiki/index.php?title=Arduino_Motor_Shield_(L298N)_(SKU:DRI0009)

Atmel_Corporation. (2013). Atmel Corporation Website. Retrieved 2013.6.17, 2013, from http://www.atmel.com/

Banzi, Massimo. (2009). *Getting Started with arduino*: Make.

Boxall, John. (2013). *Arduino Workshop: A Hands-on Introduction With 65 Projects*: No Starch Press.

Creative_Commons. (2013). Creative Commons. Retrieved 2013.7.3, 2013, from http://en.wikipedia.org/wiki/Creative_Commons

Faludi, Robert. (2010). *Building wireless sensor networks: with ZigBee, XBee, arduino, and processing*: O'reilly.

Fritzing.org. (2013). Fritzing.org. Retrieved 2013.7.22, 2013, from http://fritzing.org/

L298N. (2013). SGS-THOMSON Microelectronics Website(English). Retrieved 2013.9.3, 2013, from http://www.st.com/web/en/home.html

Margolis, Michael. (2011). *Arduino cookbook*: O'Reilly Media.

Margolis, Michael. (2012). *Make an Arduino-controlled robot*: O'Reilly.

McRoberts, Michael. (2010). *Beginning Arduino*: Apress.

Minns, Peter D. (2013). *C Programming For the PC the MAC and the Arduino Microcontroller System*: AuthorHouse.

Monk, Simon. (2010). 30 Arduino Projects for the Evil Genius, 2/e.

Monk, Simon. (2012). *Programming Arduino: Getting Started with Sketches*: McGraw-Hill.

Oxer, Jonathan, & Blemings, Hugh. (2009). *Practical Arduino: cool projects for open source hardware*: Apress.

PHOTO INTERRUPTER. (2013). Retrieved 2013.10.7, 2013, from http://www.lenoo.com/ec99/myyp090083/ShowGoods.asp?category_id=42&parent_id=0

Reas, Ben Fry and Casey. (2013). Processing. Retrieved 2013.6.17, 2013, from http://www.processing.org/

Reas, Casey, & Fry, Ben. (2007). *Processing: a programming handbook for visual designers and artists* (Vol. 6812): Mit Press.

Reas, Casey, & Fry, Ben. (2010). *Getting Started with Processing*: Make.

Warren, John-David, Adams, Josh, & Molle, Harald. (2011). *Arduino for Robotics*: Springer.

Wilcher, Don. (2012). *Learn electronics with Arduino*: Apress.

林漢濱. (2004). 步進馬達系統. 台灣、台中: 逢甲大學.

邱奕志. (2003). *電動機, 農業自動化叢書-機電整合專輯* (Vol. 12). 台北: 國立台灣大學生物產業機電工程學系.

曹永忠, 許智誠, & 蔡英德. (2013). *Arduino 雙軸直流馬達控制: Two Axis DC-Motors Control Based on the Printer by Arduino Technology* (初版 ed.). 台灣、彰化: 渥瑪數位有限公司.

曹永忠, 許智誠, & 蔡英德. (2014). *Arduino 手機互動跳舞機設計: The Development of an Interaction Dancing Pad with a Mobile Phone Game by Arduino Technology* (初版 ed.). 台灣、彰化: 渥瑪數位有限公司.

Arduino 步進馬達控制
The Stepper Motors Controller Practices by Arduino Technology

作　　者：曹永忠、許智誠、蔡英德
發 行 人：黃振庭
出 版 者：崧燁文化事業有限公司
發 行 者：崧燁文化事業有限公司
E-mail：sonbookservice@gmail.com
粉 絲 頁：https://www.facebook.com/sonbookss/
網　　址：https://sonbook.net/
地　　址：台北市中正區重慶南路一段六十一號八樓 815 室
Rm. 815, 8F., No.61, Sec. 1, Chongqing S. Rd., Zhongzheng Dist., Taipei City 100, Taiwan
電　　話：(02) 2370-3310
傳　　真：(02) 2388-1990
印　　刷：京峯彩色印刷有限公司（京峰數位）
律師顧問：廣華律師事務所 張珮琦律師

定　　價：520 元
發行日期：2022 年 3 月第一版
◎本書以 POD 印製

國家圖書館出版品預行編目資料

Arduino 步 進 馬 達 控 制 = The stepper motors controller practices by Arduino technology / 曹永忠 , 許智誠 , 蔡英德著 . -- 第一版 . -- 臺北市 : 崧燁文化事業有限公司 , 2022.03
面 ; 公分
POD 版
ISBN 978-626-332-073-4(平裝)
1.CST: 微電腦 2.CST: 電腦程式語言
471.516 111001387

官網

臉書